中国科协学会公共服务能力提升项目支持

2018年度中国科协学会承接政府转移职能工作案例汇编

中国科协学会学术部　组编

中国农业出版社

北　京

前　　言

　　中国科协学会承接政府转移职能工作对深化行政体制改革和科技体制改革，加强和改进群团工作具有重要意义。党的十九大和十九届一中、二中、三中、四中全会对推进国家治理体系和治理能力现代化、转变政府职能、深化供给侧结构性改革、加快建设创新型国家、发挥社会组织作用提出了更高要求。中国科协积极对标新时代国家发展战略需要，坚持"三轮"驱动，突出"三化"联动，强化"三维"聚力，引导学会主动配合政府职能转变，通过开展社会化公共服务，不断增加科技类服务产品供给，努力成为国家治理能力和治理体系现代化建设的重要力量。

　　中国科协按照中共中央办公厅、国务院办公厅印发的《中国科协所属学会有序承接政府转移职能扩大试点工作实施方案》，稳妥有序推进学会承接政府转移职能工作，目前已进入常态化阶段，在科技评估、人才评价、团体标准、科技奖励等领域成效显著。第三方评估广泛开展，学会智库的战略支撑力初显；30个学会进入国家标准化管理委员会团体标准试点名单，学会协调相关市场主体共同制定满足市场和创新需要的团体标准，推动了《中华人民共和国标准化法》修订，明确团体标准的法律地位；30余个学会先后获得国家科学技术奖直接推荐资格，学会成为国家科学技术奖提名的重要渠道之一。一些学会自主设奖也正逐步向国际化方向迈进，部分学会探索了水平评价类的职业资格认定等工作。

　　为总结中国科协所属学会承接政府转移职能工作经验，进一步提升学会承接和服务能力，打造一流公共服务品牌，支撑中国特色世界一流学会建设，我们组织相关学会撰写了一批典型案例，从中遴选出46个案例汇编成册，供全国学会、地方科协和地方学会学习借鉴，从而进一步加强学会公共服务的专业化、社会化、规范化建设，不断拓宽业务领域，推动承接政府转移职能工作再上新台阶，为科技创新和社会治理改革注入活力，为建设世界科技强国做出更大贡献。

本书编委会

2019 年 11 月

目　　录

科 技 奖 励

其 他 公 共 服 务

科 技 评 估

打造科技评估品牌　服务政府科学决策

中国环境科学学会

一、背景意义

党的十九大把污染防治作为决胜全面建成小康社会的三大攻坚战之一。作为生态环境部批准命名的技术工作机构，国家环境保护工程技术中心（以下简称工程技术中心）在促进环保科技创新和成果转化、服务环境管理方面的作用不容忽视，是打好污染防治攻坚战的一支重要技术力量。

《中国科协所属学会有序承接政府转移职能扩大试点工作实施方案》中，明确将"国家科研和创新基地评估"作为政府转移职能的一项重要内容，"择优委托具备条件的学会、专业机构等作为第三方，按照要求开展相关评估工作"。在中国科协"学会改革创新项目"的大力支持下，中国环境科学学会作为原环境保护部委托的第三方评估机构，首次承担了2016年国家环境保护工程技术中心运行绩效评价工作。

本次评价面向正式命名3年（含）以上的14家工程技术中心开展，采用中心自评价、定量评价、专家评价相结合的方式，对中心近3年的科技创新和转化、环境管理服务、合作交流等主要任务的完成情况，进行了综合评估。通过开展第三方评价，对中心评价期限内的实际运行情况进行一次全方位的"体检"：一方面，总结了运行优秀工程技术中心的先进模式和经验；另一方面，及时发现了运行过程中存在的问题，对评价不合格的中心，责成其整改甚至摘牌。最终达到促进工程技术中心建设，更好地为污染治理和环境管理提供技术服务而发挥作用。

二、做法经验

（一）充分调研，反复论证，保证评价方案科学可行

在充分借鉴国内已有同类国家科研和创新基地的评价模式的同时，开拓思

路，借鉴吸收国内外其他类型机构评估的做法。与此同时，依据生态环境部对于工程技术中心的职责定位和主要任务，有针对性地设计评价的指标体系。随后，由学会召开多次讨论会，组织政府部门代表、技术专家、管理专家，对评价指标的选择、权重赋值、程序公正等方面进行了充分讨论，制订出一套科学公正、行之有效的评价方案。在此基础上，学会组织几家工程技术中心进行了自评价报告的试填，收集对评价方案的反馈意见，学会根据意见对评价方案做了改进完善。

（二）规范流程，把控风险，确保评价程序公平、公正

为保证此次评价工作的公平、公正、公开，同时考虑可操作性，工作思路上不拘泥于某一种特定的评价方法，而是以评价工作高质高效完成作为首要目标。

1. 评价指标的选择

采取定性指标与定量指标相结合的方式，制定出评价指标体系。

2. 评价方式的选择

采取工程技术中心自评价与专家评价相结合，设计自评价报告模板，将科技创新和转化、环境管理服务、合作交流等主要任务逐一进行分解，同时对应每一项具体工作和取得的成果，并与相应的佐证材料建立清晰的索引关系。通过这种方式，将繁杂的报告内容"表格化"，简明直观地反映出中心实际运行情况，在此基础上组织专家进行评审，提高工作效率的同时也兼顾了专业性。

3. 评价流程

采用材料审查与实地考察相结合的方式，充分考虑到专家评价过程中可能出现的材料存疑问题。不仅如此，通过签署专家承诺书、规定专家回避、对评价结果充分讨论等方式，最大程度上降低个人主观因素对评价结果可能造成的影响。

（三）依托评价，建言献策，促进各方能力提升

开展工程技术中心绩效评价是促进中心能力提升的必要手段，因此，"评价为手段，改进为目的"的工作思路贯穿整个评价工作的始终。在评价专家的选择上，统筹考虑专家的专业性和管理经验，邀请了技术专家、行业专家、管理专家参与评审，力求从工程技术中心运行的各个角度，对其提出有针对性的意见和建议。针对每个参评的工程技术中心，评审专家均指出其在运行过程中存在的主要问题，并提出了有建设性的建议，便于其评价之后的持续改进。不

仅如此，在学会的组织下，请专家组针对此次绩效评价工作发现的问题，对工程技术中心上级主管部门提出了管理方面的建议，对提升工程技术中心工作的管理和服务水平发挥了积极作用。

三、工作成效

工程技术中心运行绩效评价工作完成后，由学会向原环境保护部科技标准司报送了《国家环境保护工程技术中心运行绩效评价报告》。随后，原环境保护部科技标准司印发了《关于发布国家环境保护工程技术中心运行绩效评价结果的通知》（环办科技函〔2016〕906号），学会的评价结果被完全采信。值得一提的是，国家环境保护农业废弃物资源综合利用工程技术中心此次评价结果不合格，经整改后仍未满足要求，被生态环境部取消了工程技术中心称号。这是生态环境部自开展国家环境保护工程技术中心建设以来，第一次取消工程技术中心名称，体现了此次评价工作的公正性和严肃性。

此次评价是环保类科技社团参与科技机构评估的一次积极尝试，评价程序公平、公正、公开，评价结果客观公正，受到了上级主管部门和各参评单位的一致认可和好评。经过此次评价，学会对科技评估，尤其是承接政府转移职能中科技机构评估工作积累了宝贵经验，对今后开展工作奠定了坚实基础。

目前，生态环境部对国家环境保护工程技术中心已经形成了定期评估的工作机制，并委托学会具体开展。

"三评"指标体系研究与应用方法

中国标准化协会

一、背景意义

2018 年，中央经济工作会议提出了抓紧形成推动高质量发展的六大工具体系。2018 年 7 月 3 日，中共中央办公厅、国务院办公厅印发《关于深化项目评审、人才评价、机构评估改革的意见》，提出了一系列推进科技评价制度改革的务实举措。2018 年 7 月 24 日，国务院印发《关于优化科研管理提升科研绩效若干措施的通知》，明确指出：要贯彻落实党中央、国务院关于推进科技领域"放管服"改革要求，建立完善以信任为前提的科研管理机制，减轻科研人员负担，充分释放创新活力，调动科研人员的积极性。

这一系列政策旨在更好地促进科技创新，激发科研人员创新动力，现有政策都已经"说"到位，但还没有"做"到位，其本质原因是缺乏"数字化挂钩"，无法由"漫灌"转变成"滴灌"，难以形成精准对接、精准转化。在目前的科技项目评审、人才评价、机构评估等实际工作中，还缺乏标准化评估工具，造成对专家资源的过度使用和浪费。同时从市场需求端看，对科技项目、人才以及机构的评估需求和诉求更加多样化、多元化，不仅是被动的评审，更有大部分企业的自我评价需求，无论是投融资项目评估，高层次人才创业引进评估，还是科技企业招商引进评估，评估的角度、重点、应用场景都在不断变化，单一的会议评审难以满足不同的评估要求。

综上所述，标准化、专业化、市场化的评估需求已经凸显，本项目的指标及方法体系研究目标正是在此背景下提出的。

二、做法经验

本项目旨在进一步发挥中国标准化协会优势，聚焦当前的相关实际评估需求，在"项目评审、人才评价、机构评估"方面提炼，形成关键指标及应用体系，并结合标准宣贯等活动开展专业人才培养，同时建立典型试点示范应用，形成相互促进的良好局面。

（一）专业化评价

将科技项目、人才、机构的数据采集、获取再到评估整个过程的标准化、流程化；将标准工具的定量评价与专家资源的定性评价有机结合；将基于科技项目实施分解模型、技术计量模型、价值评估模型、人才激励模型、机构创新力模型等应用于科技资源的全过程管理，最大限度地集成科研活动中形成的数据、成果、经验和知识，促进科研创新活力。

（二）标准构建

将评估指标及工具方法显性化、结构化，将输出过程固化、提炼成标准，提炼研究过程的评估方法及管理指标和进一步发挥协会的核心优势，形成示范效应。

（三）品牌活动

构建基于评估的服务体系，从标准到评估到人才建设，形成一揽子科技创新服务工程。

（四）组织和保障措施

对于项目联合申报方式，中国标准化协会采取 ISO 质量管理模式，项目实施过程实现动态管理，适时评价实施效果，形成"项目规划—计划—行动—效果"的闭环动态管理体系。项目的财务核算体系，将严格按照国家和有关项目经费管理规章执行，统一专账管理。中国标准化协会在联合申报项目中主要承担：总体策划，顶层设计，实施组织，过程管理，负责报告的统筹、编辑、发布，项目结题验收。参与单位中关村巨加值科技评价研究院负责相关数据采集与推送，负责数据模型及理论研究，配合培训等相关活动组织，配合做好项目的检查、验收工作。

典型经验主要体现在通过与会员单位的持续性开放式合作，促进了会员单位与中国标准化协会的良好关系，并提升了中国标准化协会的服务能力和服务水平。同时，中国标准化协会通过合作还开拓了更多的市场服务空间，更好地提升了协会服务品牌效应。

三、工作成效

2017—2018 年，中国标准化协会对科技项目评估标准研制、人才建设培训活动、典型应用场景评估应用等均进行了不同程度的推广与应用，丰富了中国标准化协会的服务内容和范围，并且提升了与会员单位的进一步沟通与合作，促进双赢局面的展开。

（一）人才建设培训活动

科技项目标准化人才培训已经成为中国标准化协会与会员单位中关村巨加值科技评价研究院的品牌持续活动，双方将继续提升优化该课程品牌。2017年完成 7 次典型活动（科技评估师培训 3 次、科技项目标准化人才培训活动 2 次、按知分配绩效管理培训活动 1 次、全国项目管理标准化高峰论坛 1 次）；2018 年至目前完成 4 次典型活动（科技评估师培训 2 次、科技项目标准化人才培训活动 1 次、全国项目管理标准审查会 1 次）。

（二）标准研制

持续开展关于科技项目及成果的标准研制和方法研究，分别完成了团体标准《技术成果交易评价》《科技成果转移转化评价标准体系报告》和《科技成果转移转化动态数据库研究》。

（三）典型应用场景评估应用

积极探索市场需求，分别完成了软科学研究成果"水利技术标准系统协调性研究与应用""消费品安全风险评估关键技术与标准"第三方评估；专利技术第三方评价"基于全色成像的压缩光谱成像系统""用于工业安全检测和监测的高性能传感器"；科技项目入孵第三方评估"树型定日镜"等典型评估。

信息领域国家重点实验室评估

中国电子学会

一、背景意义

国家重点实验室是国家创新体系的重要组成部分，是国家组织高水平基础研究和应用基础研究，聚集和培养优秀科学家，开展高层次学术交流，制造先进科研装备的重要基地。实验室针对学科发展前沿和国民经济、社会发展及国家安全的重要科技领域和方向，开展创新性研究。评估工作是国家重点实验室管理的重要环节，全面了解和检查实验室 5 年的运行状况，总结经验和成绩，发现问题，促进实验室发展。

科学技术部（以下简称科技部）基础研究司《科技部基础研究司关于开展国家重点实验室 2017 年度评估工作的通知》（国科基函〔2017〕5 号），委托中国科协信息科技学会联合体（以下称信息联合体）组织实施信息科学领域 32 个国家重点实验室 2012—2016 年运行情况的评估工作。通过开展大学科领域的决策咨询、评估评价、学术交流、人才举荐、标准制定、承接政府职能等工作，凝聚各方科学家和科技工作者。此项工作由中国电子学会牵头，秘书处设在中国电子学会。

此次评估完全依照《国家重点实验室评估规则》（国科发基〔2014〕124 号），对参评实验室的研究水平与贡献、队伍建设与人才培养、开放交流与运行管理等方面进行了总体评估，充分肯定成绩，明确指出不足，对实验室的进一步发展提出了更高的要求和中肯的建议。

二、做法经验

（一）评估前期工作准备充分

1. 组建评估组织机构

评估组织机构由评估工作领导小组、评估监督委员会、评估专家组和评估工作办公室组成。

（1）评估工作领导小组。由信息联合体成员学会理事长或副理事长组成，主要负责审定评估方案、审定评估专家组建方案以及评估过程中重大事务的决策。领导小组接受科技部基础研究司的监督和指导。

（2）评估监督委员会。由信息联合体成员学会的监事会成员组成，具体负责监督评估方案、评估程序的合理性，监督评估工作的执行落实情况。

（3）评估工作办公室。由信息联合体成员学会抽调专职工作人员组成，负责执行领导小组决议，推动日常工作。包括文件起草与发放、对外联络、专家落实、会务安排、资料审核、档案管理、经费使用以及后勤服务等工作。评估工作办公室制定了《信息领域国家重点实验室 2017 年度评估工作办公室工作守则》，由办公室成员自觉遵守。

2. 制订细致的评估实施方案

实验室评估工作实施方案由评估工作办公室根据《国家重点实验室评估规则》、借鉴已完成行业和上一轮信息领域评估经验起草，包括初评、现场考察和综合评议 3 个阶段方案以及专家遴选方案、评估指标体系等，经评估工作领导小组修改、审议，报科技部基础研究司审核后依照执行。

3. 组建让人信服的评估专家组

评估专家的基本条件：符合信息领域学术水平高、熟悉实验室工作且重视实验室评估工作、公道正派要求。

（1）专家回避原则。与实验室有直接利害关系者不能作为评估专家参加评估。例如，实验室正副主任、实验室固定人员、实验室学术委员会正副主任、实验室依托单位（法人单位）和主管部门在职人员等。

（2）专家库形成。信息联合体成员学会、参评实验室推荐。收到符合要求的专家 249 位，形成专家库。

（3）专家遴选原则。①32 个实验室按学科细分为 5 个专业方向，按照每个方向候选专家数量与实验室数量均衡；②专家所在单位为一流大学或科研单位且尽量分散；③参与过实验室评估或有实验室工作经验优先。

遴选后形成 38 位专家组成的专家组，在科技部网站和实验室评估平台提前进行了发布。专家自愿签署《2017 年度信息领域国家重点实验室评估专家承诺书》。

4. 搭建评估专用信息化平台

在充分调研实验室评估流程和需求的基础上，搭建评估工作信息化平台（2017gzpg. cie-info. org. cn）用于实验室评估材料在线提交，材料核查专家在线核查评估材料，评估专家在线审阅评估材料，给每个实验室打分、评议，系统自动生成实验室排序。信息化平台的搭建，优化了实验室评估流程，为实验室修改和提交评估材料提供便捷，更有利于评估专家审阅评估材料、独立打分评议，避免了人工统计分数的误差。

初评会和综合评议会上，评估专家通过局域网进行在线打分评议，评估后台记录专家打分评议结果，计分系统快速、精准计算实验室得分和排序。

5. 认真严格地核查评估材料

召开材料核查会，对 32 个实验室评估材料进行核查。核查评估材料的内容真实性和逻辑合理性，并将核查结果反馈给实验室。

（二）评估工作规范性文件

（1）《国家重点实验室评估规则》。

（2）《2017 年度信息领域国家重点实验室评估实施方案》。

（3）《2017 年度信息领域国家重点实验室评估指标体系》。

（4）《2017 年度信息领域国家重点实验室评估专家承诺书》。

（5）《信息领域国家重点实验室 2017 年度评估工作办公室工作守则》。

三、工作成效

（一）严格按照科技部《国家重点实验室评估规则》要求，稳妥有序地开展评估工作，保证评估过程的公开、公平、公正

1. 公开

（1）实验室评估实施方案、专家遴选均对信息科技学会联合体和全体实验室公开。确定的专家名单在初评会前 2 周在科技部网站和 2017 年度实验室评估平台对外公布。

（2）设置初评会议分会场，实验室主任及相关工作人员可在分会场观摩其他实验室主任做报告。

2. 公平

（1）专家遴选。采用从 249 位专家组成的评估专家库中按学科方向细分小组，采用随机数抽取办法，保证每个细分专业领域都有专家，保证专家选取无人为干预因素。

（2）实验室初评、现场考察、综合评议。均保证各个专业方向专家数量均等，避免了由于专业偏差导致的评分误差。每一位现场考察专家参与现场考察全程现场考察工作，保证现场考察流程相同，评判标准相同。

3. 公正

（1）评估工作组织机构。设置监督委员会，监督委员会成员尽职尽责，对评估过程全程监督，对打分计分排序环节重点监督。

（2）严格执行"与实验室有直接利害关系者不能作为评估专家参加评估"的规定。本次评估专家严格回避实验室正副主任、实验室固定人员、实验室学术委员会正副主任、实验室依托单位（法人单位）和主管部门在职人员。

（3）初评和综合评议打分环节。均采用局域网上独立完成。专家个人打分情况，除系统管理员因职责需要，不对任何人公开。

（二）充分发挥信息科技学会联合体集体领导优势，在基于《国家重点实验室评估规则》基础上，勇于创新评估模式

作为科学技术协会所属学会联合体首次独立"承接政府职能转移"，本次评估得到了中国科协改革发展处和联合体成员学会理事会的全力支持。评估前，召开 3 次不同层级见面会议，在广泛征集各成员学会意见基础上，对评估方案、专家人选等工作细节进行充分讨论，此外广泛征集各成员学会意见。在中国科协指导和领导小组中成员学会理事长、副理事长的群策群力下，评估工作办公室提出许多创新性评估方法，如三阶段的实施方案、综合评议打分排序办法、突发事件预案等。

（三）充分体现学会专家队伍优势

通过各个成员学会推荐，保证了一流单位一流专家的专业性与公信力，确保了每个细分领域均有相应专业的评估专家。

（四）建立高效有序的组织机构是工作效率的保证

从 2017 年 5 月发布实验室评估通知，到 8 月 30 日完成综合评议，实验室评估历时 3 个多月。整个评估过程切实体现了依靠专家、发扬民主、实事求是、公正合理的评估原则。评估过程中严格执行保密纪律与简化专家接待工作，确保了评估工作求真务实和高效简捷。

开展第三方成果评价
助力农业科技创新

中国农学会

一、背景意义

科技评价是科技管理工作中的一项重要内容。创新科技评估方式，加快推进第三方评价，对促进科技创新具有十分重要的意义。科技社团开展第三方科技评价，是积极推进承接政府职能转移、履行科技社团职责的重要体现，同时也是顺应科技体制改革，加快科技创新的重要手段。学会作为科技体制改革的重要组织部分，探索第三方科技评价方式，拓宽第三方科技评价渠道，打造第三方科技评价精品，加强科技评价的品牌建设，对推动科技社团积极有序承接政府职能转移，服务国家社会治理工作，引领和指导中国科协所属学会开展此类工作具有很好的借鉴和推广意义。

中国农学会本身既非政府机构，也非科研院所，在开展第三方成果评价工作中，具有不受政府和科研单位等干涉的优势，可以充分保证评价、评审、论证活动的独立、客观和公正。

二、做法经验

2009—2016 年，科技部针对政府主导的科技成果鉴定，开展了旨在以社会化服务取而代之的科技成果第三方评估试点工作，中国农学会先后 2 次作为中国科协系统唯一农口学会被授予资质进行试点。

2014 年，农业部全面停止科技成果鉴定，凡部属单位有成果鉴定需求的，全部自愿申请并由中国农学会等进行第三方评价。

2016 年，科技部决定在全国范围内废止《科技成果鉴定办法》，同时成果鉴定不再由行政审批，而是全部交由行业学会、协会等行业组织或中介机构实行自律管理。

在上述一系列有利的政策环境下，中国农学会抓住机遇，狠抓评价管理队伍和评价专家队伍建设，率先在农业行业全面开展了第三方科技成果评价工作，经过 10 年的理论探索与不断实践，打下了坚实的工作基础，积累了丰富的实践经验。

（一）开展评价理论研究，塑造自身评价能力

中国农学会围绕社团第三方科技评价工作，设立有关课题，进行了多年研究，课题组先后在学术期刊发表了《农业科技评价及其问题与建议》《关于加强科技社团第三方评估工作的建议》《论新形势下农业科技成果第三方评价制度的构建》《基于科技成果第三方评价的农业科技创新——以中国农学会为例》等论文，促进了农业行业科技评价工作的迅速开展。

（二）成立专门评估机构，赋予科技评价职能

2013 年，经农业部批准同意在中国农学会办事机构内部增设科技成果评估机构，在原有科技评价处和专职队伍基础上，加挂"农业科技成果转化服务中心"牌子，明确中心的职能是开展农业科技成果评价和农业科技成果转化交易中介服务等，为中国农学会专业化开展第三方科技成果评价工作提供了保障。经过多年磨炼，中国农学会已经形成了一支专业、娴熟、高效的专职评价组织与管理队伍。

（三）搭建成果评价平台，提升评价品牌影响

1. 开发建成"全国农业科技成果转化交易服务平台"

平台专门开辟了科技成果第三方"评估评价服务"系统，其服务功能主要包括评价机构信息推介、评估评价政策介绍、成果水平评价服务、技术成果产业化前景评价、中国农学会科技成果评价信息公告等。

2. 创设"农业科技评价网"微信公众平台

使全国农业科研教学单位和科技人员方便快捷了解中国农学会成果评价业务，宣传和提升中国农学会科技成果评价的品牌影响力，目前关注人数多达13 400 人。上述网络和微信平台是中国农学会开展成果评价业务、联系科技人员、发布评价公告、承接评价委托、提升品牌影响的快捷通道。

（四）强化制度机制建设，确保独立客观公正

中国农学会的第三方评价，以成果需求为导向，强化了评价服务功能；以市场需求为导向，建立了第三方评价服务体系；以机制创新为导向，创建了独具特色的"定性定量相结合、单项综合相结合、集体个人相结合、会前会上相结合"的全新评价机制。经过多年探索与实践，中国农学会已经建立起了适合第三方评价的专家遴选与管理办法、评价程序和办法、评价指标设定办法、评价结果公示和反馈制度、评价监督制度、评价责任追究制度等一系列规章制度，构建起了专业、独立、科学、客观、公正的《中国农学会科技成果评价工作规范》。

（五）建立一流专家队伍，保障评价质量精良

经过多年严格遴选，中国农学会建立了一支专业全、水平高、能力强、业务精、站位高、视野广的成果评价专家队伍，在库专家数量达 8 390 多人，其中 500 多位（包括 30 多位院士）是多次评审过或多次获得过国家科学技术奖的专家。2009 年至今，累计组织院士专家 5 000 余人次（其中院士近 1 000 人次），对全国重大农业科技成果 600 余项进行了评价。

（六）开展重大成果评价，积累丰富实践经验

10 余年累计评价科技项目 600 余项，创新了 7 项评价标准，累积了大量评价经验：精良的专家队伍是基础，全新的评价方式是关键，成熟的工作方案是依托，专业的后期服务是保障，严谨负责的态度是前提。

三、工作成效

1. 提升了科研工作质量

成果评价过程中，高层次专家的切磋、研究、讨论，能更好地帮助课题组了解学科前沿动态、掌握最新技术方法，同时带动了青年科技人才的培养和创新团队的建立。很多成果完成单位认为，通过评价，发现了自身在科研立项、研究过程以及成果推广与转化等各个环节中存在的不足，厘清了科研工作思路，明确了下一步科研工作方向。许多评价专家表示，通过参与评价，视野开阔了，科研思路拓宽了，也有助于自身科研工作的提升。

2. 助力了农业科技创新

中国农学会科技成果评价工作从无到有，从小到大，得到有关部门的高度肯定，也受到科研院所和涉农单位的欢迎；不仅促进了业界团队间合作与联合攻关，也助力了农业科技创新。据不完全统计，经过评价的成果中，有 80% 的成果评价后获得省部级科技奖励，每年获得国家科学技术奖的农业项目中超

过 50％的成果经过中国农学会评价。截至 2018 年，共有 70 多项（其中院士主持 9 项）成果经中国农学会评价后荣获国家科学技术奖。

3. 助推了科技成果转化

农业科技成果进行评价后，形成了客观公正的结论，为成果转化、交易和推广提供了重要参考依据。据中国农学会对近几年评价过的成果抽样 127 项进行统计分析，成果评价后共转让获利 23.79 亿元，产业化获利 905.51 亿元，彰显成果评价为成果转化服务的能力，保障了农业科技成果的转化和公平交易。

4. 取得了良好社会效益

2015 年受科技部推荐，科技日报社记者专门就中国农学会开展第三方科技评价工作进行专访，刊登了走近中国农学会成果评价试点工作——《为农业科技成果转化点亮绿灯》的专稿，专门报道了中国农学会开展第三方成果评价工作的成绩和经验。鉴于中国农学会的第三方科技评价工作取得显著成效，2016 年作为农业部绩效评估的创新项目，得到了农业部嘉奖。

5. 带动了行业成果评价

近年来中国农学会第三方科技评价工作在全国农业行业科研教学领域已产生较大影响，带动了一批省级农学会和农口有关科技社团组织陆续开展科技成果第三方评价工作；中国农学会第三方评价的一系列规章制度、工作形式、评价方法、评价内容以及评价指标体系等都已成为全行业的重要参考和借鉴；引领和带动了农业行业社团组织等第三方评价工作的发展，也得到科技部和农业农村部主管部门的高度认可。中国农学会以质量为核心，凭借科学精良的评价队伍、严谨务实的评价方式、成熟优质的评价流程和专业负责的跟踪服务，也受到广大农业科技工作者的欢迎和委托单位与评价专家的一致肯定。

工程中心评审提升学会综合服务能力

河北省计算机学会

一、背景意义

为贯彻党的十九大、十九届三中全会精神，落实学会开展承接政府转移职能工作，形成学会围绕政府中心工作，提高科技公共服务常态化、规范化和制度化的能力，根据河北省委、省政府印发的《河北省科协所属学会有序承接政府转移职能试点工作实施方案》的相关部署及《河北省工程研究中心管理暂行办法》，经河北省发展和改革委员会（以下简称河北省发改委）和河北省科协友好协商、议定：委托河北省计算机学会牵头承接河北省发改委主管的 2018 年河北省工程研究中心评审工作。通过该项目的实施，打造河北省计算机学会社会化服务品牌，扩大社会影响力，提升组织和管理能力，使河北省计算机学会成为河北省服务国家和社会治理的一支重要力量。

二、做法经验

（一）工作经验

河北省计算机学会在完成 2017 年评审工作的过程中，经广泛调研，已形成了相应的工作机制，健全了管理制度；设计并优化了评审和认定工作流程，编制了评审全过程所需要的一系列表格和文档资料。期间，不仅锻炼了河北省计算机学会从事这类工作的人员，打造了一支骨干团队，且形成了一个由各技术领域专家教授组成的项目评审专家库。以上经验、制度、机制、团队、专家库等工作基础，不仅为规范评审和认定活动，保证评审工作的质量，从而将河北省计算机学会承接政府转移职能工作纳入规范化、制度化的轨道发挥了重要的保障作用，也为较好地完成本项目奠定了良好的基础。

（二）梳理形成了可复制可推广的工作模式

1. 项目实施前的准备

制定项目工作计划、组成项目工作人员团队、遴选河北省内外专家充实项目评审专家库、完善项目管理制度、确定相应的工作机制；设计并优化评审和认定工作流程，编制评审全过程所需要的一系列表格和文档资料。

2. 战略评审和形式审查

围绕河北省发展战略性新兴产业的领域、指南和三年行动计划，准确把握产业发展需求，组织相关领域的专家对河北省各单位所申报的河北省工程研究中心建设项目进行战略评审和形式审查。这是保证评审和认定工作质量的重要环节，主要任务是判断申报单位是否符合申报条件。评审和审查的主要内容包括：所申报的工程研究中心是否符合河北省战略性新兴产业的发展领域和指南，是否具备较强的工程技术研究能力及良好的产学研合作基础，是否在申报领域具有先进试验设施和相应的技术创新团队，是否具有明确的研究方向定位、发展思路及任务目标，是否制定了规范的管理制度和运行机制，以及附件材料与申请书所填报内容、数据是否一致等。战略评审和形式审查结束后，对结果进行汇总，对未按照要求填报或者填报数据不准确的申报材料，向申报单位进行反馈，要求其做出相应修改或补充说明。

3. 竞争性答辩专家会议评审

在与河北省发改委高技术产业处协商的基础上，组建由河北省内外高层次的技术和经济专家组成的项目评审专家委员会。根据所申报工程研究中心的产业和技术领域分布情况，组成若干个技术领域的项目评审专家组，按照预先制定的竞争性答辩会议评审方案和流程对每个项目进行会议评审。在答辩评审过程中，首先，与会专家要现场听取申报单位的建设情况汇报，有针对性地提出质询，并进一步听取申报单位的现场答辩。然后，由专家组长组织项目主审专家和领域专家组成员集体讨论后，各位专家按照河北省计算机学会制定的2018年工程研究中心评审专家评分表对各单位申请建设的工程研究中心进行自主打分。最后，由工作人员按计分办法对各项目的分数进行录入、汇总和统计，并根据各申报项目的得分按由高到低的顺序进行排序。根据各申报项目的评审得分顺序，由河北省发改委和评审专家共同确定2018年拟批准建设并进入下一阶段进行现场考察的工程研究中心名单，并将该名单在河北省发改委网站向社会公示。

4. 现场考察

由河北省发改委高技术处向各设区（市）发改委发出正式通知：委托河北省计算机学会组织专家会同各设区（市）发改委对拟同意批准建设的工程研究中心进行现场考察。现场核查内容主要包括：工程研究中心建设单位申报材料的真实性、技术团队的研发能力、建设地点和仪器设备等条件、知识产权、可转化成果的绩效评估、管理制度和机制等。根据考察核查的实际情况，在现场与申报单位共同填写工程研究中心现场考察表。

5. 确定拟批准建设的工程研究中心名单

综合上述战略评审、形式审查、竞争性专家会议评审、现场考察结果，由河北省计算机学会商请河北省发改委高技术处、河北省科协所属学会学术部、项目评审各专家组长，共同商定河北省 2018 年拟批准建设的省级工程研究中心名单。名单报送河北省发改委审定后，在河北省发改委网站公示。

6. 指导批准立项的申报单位填报《河北省级工程研究中心建设方案》

根据河北省发改委高技术处的安排，向批准立项的各申报单位下发工程研究中心建设任务书的函和工程研究中心建设方案的填写模板。为确保填报工作高效、准确，聘请相关专家对各建设单位填写的建设方案进行指导、修改和审核；经专家审核的各单位《河北省级工程研究中心建设方案》报河北省计算机学会最终审定后，再由项目建设单位及其所在地的设区（市）发改委盖章后报河北省计算机学会汇总；最后，由河北省计算机学会统一报送河北省发改委高技术处，同时在河北省计算机学会存档，并以此作为对该工程研究中心进行验收时，考核期项目建设任务完成情况的依据。

三、工作成效

2017 年河北省计算机学会就承接并圆满完成了河北省发改委《2017 年河北省工程实验室评审认定》的工作，评审和认定结果已被河北省发改委采用，并由河北省发改委以正式文件的方式向河北省公布下达。河北省发改委领导和主管部门对这项工作的成果非常满意，并给予很高的评价。为此，河北省发改委又将 2018 年河北省工程研究中心评审工作委托给了河北省计算机学会。

该项目完成后，在河北省形成一种由河北省科协所属学会学术部联系政府主管部门，由一个省级学会牵头并协调组织多个省级学会及其联系的专家，共同承接政府主管部门职能转移工作的新模式。该模式为河北省的各省级学会在更大范围内有序承接更多的政府职能转移工作,将学会承接政府转移职能工作纳入规范化、制度化的轨道,提供了可借鉴、可推广、可复制的经验和模式。

通过实施该项目,大大提升了河北省政府主管部门对河北省各省级学会承接政府转移职能工作的认可度,提高了河北省省级学会承接政府转移职能工作的信心,扩大了河北省省级学会的社会影响力,为河北省的科技进步和经济建设做出了更大的贡献。

抓住新机遇　创建科技评估品牌

山西省科技评估学会

一、背景意义

根据《中华人民共和国合同法》及相关法律、法规的规定，结合山西省人民政府办公厅印发《关于推进省科协所属学会有序承接政府转移职能的实施意见》要求，山西省质量技术监督局委托山西省科技评估学会对山西省"十三五"质量发展规划进行中期评估。学会依托科研人才优势和在公共服务等方面的业务专长，积极发挥独立第三方评估的作用，为政府和社会提供决策支撑、管理服务和监督保障工作。

当前国家治理体系的重构和有序承接政府职能转移，对学会参与第三方评估工作提出了更高的要求，对进一步贯彻落实创新驱动发展战略树立了新的目标。山西省科技评估学会参与第三方评估有助于推动学会自我发展和改革，通过改革去行政化、功利化，回归学术本位；有助于提升学会服务政府和组织的能力，提升服务科技工作者能力，增强学会凝聚力和影响力；有助于发挥学会在学科集成创新方面的作用，提高科技资源利用效率，推进科技成果向现实生产力转化。

二、做法经验

（一）夯实基础，增强实力，不断提升履行职责的能力

山西省科技评估学会从自身做起，内外兼修，不断做好各项基础工作，增强竞争实力。近年来，积极开展培训咨询业务，组织学术交流活动，对科技等项目与决策进行科学评估、咨询、论证并提出建议等。先后参与了山西省公安厅交通管理局、山西省质量技术监督局、山西省科技扶贫中心、山西省中小企业金融服务中心、中国邮储银行山西省分行等百家单位的评估评价，召开了专

家评议会、科技项目论证会、评估评价研讨会等百余场，为政府部门、企业等在科技成果评价、技术咨询、投融资咨询、申报国家计划等方面提供了科技服务，在科技评估专业领域有较强的实践经验。目前已具备提供订单式科技服务的能力，具有较丰富的全过程科技评估经验和能力。

1. 建立健全专家支持系统，完善和规范评议制度

保证评估结果的公正性、合理性，建立科学的、公正的、有效的评议专家选择机制，研究制定评议专家的选择标准，不断完善专家库。

2. 制定科技评估规范标准，完善科技评估指标体系

量化各个科技成果，制定科技评估的技术规范和质量标准，制定科技评估的规范化评估程序，建立各类科技评估的指标体系，确定各种评估方式和方法的适用原则，规范科技评估文件的标准格式。

3. 举办科技评估学术交流研讨，提供行业对话平台

积极举办、参加科技评估学术交流活动，促进学会同国内先进水平接轨，保障学会科技评估标准化、规范化前进。

（二）抓住新机遇，创建新能力，组建科技评估标准化技术组织

山西省科技评估学会针对山西省科技评估标准规范缺乏，制度建设不足，基础评估方法和工具开发不够的现状，抓住工作机遇，为健全山西省科技评估领域标准的制定，提升山西省科技评估工作的标准化水平，加强国内外相关学术和工作交流，培养高级专门人才，适应山西省科技评估事业的蓬勃发展，促进山西省经济高质量发展，选准方向、主动作为，积极向山西省科协与省质量技术监督局申报并得以批准，成立了山西省科技评估标准化专家组。专家组负责全省科技评估领域的标准化归口工作，分析科技评估领域标准化需求，提出地方标准制订计划，承担科技评估相关地方标准的起草、技术性审查工作，开展科技评估领域内标准宣贯、培训及标准化咨询、服务等工作。专家组办公室设在山西省科技评估学会，负责专家组的日常工作。

三、工作成效

山西省科技评估学会作为山西省科协所属学会有序承接政府转移职能的试点学会，通过整合现有的科技评估资源，发挥学会的专家资源和山西省科协的科研人才优势，积极开展科技评估、技术标准研制，申建省科技评估标准化专家组、筹建山西省科协科技评估评价学会联合体等工作，有着深远意义，虽任务艰巨，但使命光荣，责任重大，已走在了全省学会的前列，把山西省科协所属学会有序承接政府转移职能工作引向深入。在山西省科技评估标准化专家组成立大会上，山西省质量技术监督局、山西省科协相关领导到会参加，充分体现了对学会工作的认可和肯定。

通过项目实施，山西省科技评估学会建立健全了科技评估工作制度，打造了学会评估工作品牌，创建和增强了学会公共服务能力，扩大了社会影响力，为做好服务国家和社会治理工作打下了良好基础。

开展科技成果评估评价工作

辽宁省可再生能源学会

一、背景意义

2015 年，中央办公厅、国务院办公厅发布《中国科协所属学会有序承接政府转移职能扩大试点工作实施方案》，要求科技社团以科技评估、工程技术领域职业资格认定、技术标准研制、国家科技奖励推荐等科技类社会化公共服务职能的整体或部分转接为重点，有序承接政府转移职能。2014 年以来，辽宁省可再生能源学会按照中国科协、辽宁省科协有序承接政府转移职能工作要求，根据《关于推进辽宁省科学技术协会所属学会有序承接政府转移职能工作指导意见》，积极开展科技成果评价、科技咨询等公共服务工作，推进辽宁省可再生能源学会承接政府转移职能工作的开展，目前已成为辽宁省首批承接政府转移职能与公共服务试点示范学会。

二、做法经验

（一）组建专家团队，建立专家数据库

事实证明，组建一支满足科技服务工作要求的专家队伍，拥有一支素质精良的专家群体，是社会团体开展科技服务工作的基础保障。2016 年，辽宁省可再生能源学会利用自身在新能源和可再生能源领域的资源优势，经学会常务理事会商讨研究后遴选出省内外 60 余名在能源科研领域杰出的专家学者，组建了学会科技成果评价专家团队。这支专家团队的建立为学会顺利开展科技成果评价工作提供有力的技术支持和智力保障。

为便于学会开展科技成果评估评价、科技咨询等公共服务工作，使评审专家能够更加科学客观、公平、公正地参与评价鉴定，学会在已有专家团队的基础上建立了专家数据库。为使专家数据库更加专业化、透明化、信息化，该数

据库分别从基本信息、工作领域、个人经历、评审经历、科研情况等多方面来展现专家的基本情况，并分别从一级学科、二级学科、三级学科等方向划分专家擅长的专业领域。数据库具备检索功能，从而使学会开展这方面工作更具备行业说服力和社会公信力。

（二）编制管理办法，制订工作方案

为使学会在本行业内开展科技成果评估评价工作更加专业化、规范化、合理化，学会参照国家和省部相关的办法和规定，制定了《科技成果评价工作方案》《科技成果评价暂行办法》，完成了《科技成果评价申请表》《科技成果评价报告》等相关模板编写工作，明确了《科技成果评价指标体系》。同时，学会还多次召开常务理事会议，对制定的实施细则进行反复讨论、细化研究，最终明确包括评审范围、评审组织、评审程序、评审管理、需提交材料在内的多项科技成果评价的细节工作。

（三）建立科技成果评价标准化业务流程

（1）学会对科技成果评价设有严格的预审制度。在接到成果评价委托后，学会首先对申请评价的成果按照《科技成果评价暂行办法》的相关规定进行评估，考察其是否符合科技成果评价要求，并征求专家意见决定是否可以进行评价。凡符合评价要求的，即可进入评价流程；成果存在明显缺陷的，按要求进行补充完善后再进行评价；凡违反国家法律规定的，对社会公共利益或者环境资源可能造成危害的，存在知识产权权属争议且尚未解决的，评价委托方提供虚假情况或不能提供评价所需材料的，以及成果创新性不够、整体水平较低等情况，学会一律拒绝评价委托。

（2）规范科技成果评价业务流程。具体包括以下流程：提交申请、签订合同、选定专家、确定评价形式（检测评价、会议评价、函审评价）、出具评价报告书。在整个评价过程中，学会将评价的话语权真正交给专家组，并要求专家组对科技成果进行客观、全面的评价，从而帮助成果完成单位吸取失败教训、总结成功经验、梳理科研思路、指明未来方向。

（3）在征得委托方的同意后，学会将成果信息置于学会官网循环滚动播放，有助于将评价中发现的成熟的、先进的、有市场前景的科技成果及时向社会和有关部门推介，使其向现实生产力转化，推动科技与经济的紧密结合。即实现技术评价、成果登记、网络宣传、成果对接、成果应用跟踪一条龙服务体系。

三、工作成效

（一）提供特色定制评价服务

为满足委托方不同的需求，学会针对不同类型成果提供"定制式"的精准评价服务。具体体现在：对以成果转让为目的的委托，学会重点邀请擅长科技成果价值评价的经济专家、市场经营专家、技术专家共同组成评价专家组对成果进行评价；对以确认成果创新水平为目的的评价委托，学会重点邀请熟悉该领域并在该领域具有一定权威的国家级专家及科技管理专家担任评价专家；对以申报国家或者省部级科技奖励为目的的评价委托，学会重点邀请曾经评审过或者获得过国家或省部级科技奖励的专家，组成评价专家组对成果按照科技部标准进行评价。学会通过开展"定制式"的评价服务，使专家提出的意见和建议更有针对性与可行性，从而来满足成果评价委托单位多样化的需求。

（二）组织开展科技成果评价工作

根据科技部、教育部等五部委发布的《关于改进科学技术评价工作的决定》和科技部发布的《科学技术评价办法》的有关规定，各级科技行政管理部门不得再自行组织科技成果评价工作，科技成果评价工作将由委托方委托专业评价机构进行。辽宁省可再生能源学会作为省内唯一一家新能源与可再生能源领域的 5A 级社会团体，经过多年的发展已拥有开展本领域科技成果评价与技术鉴定的资质和能力。2015 年，学会开始组织专家针对个人、组织、院校和企业的各类科技成果开展评估评价工作，现已对"城市生活垃圾热解气化成套设备""烟气四除一回收节能环保技术""高可靠大功率双馈风力发电机及励磁控制系统关键技术与应用"等成果进行了评价。评价主要从科技成果的学术价值和应用价值出发，分别从其科学性、创造性和先进性等角度给出真实、客观的评价意见。成果范围涵盖了新能源与可再生能源技术设备、农村能源技术设备、资源环境技术设备、农业生物环境与能源工程技术设备以及节能技术等方向。2016 年，辽宁省可再生能源学会与中国可再生能源学会签订合作协议，受中国可再生能源学会委托，承担科技成果评估评价工作。

开展"能效之星"科技评估　提升企业节能降耗水平

江苏省能源研究会

一、背景意义

江苏省能源研究会以"政府能源智囊团"为主要工作特色，先后为江苏省发展和改革委员会、江苏省经济和信息化委员会（以下简称江苏省经信委）和江苏省科技厅等部门提供了包括江苏省"十一五"新能源重点领域与重大项目选择研究、江苏省"十二五"能源发展战略、江苏省"十二五"节能战略研究和扬州市"十三五"节能规划等在内的一批软科学研究成果，先后获得省部级科技成果奖 5 项。

社团组织有序承接政府转移职能、向社会提供公共服务产品（以下简称承能工作）既是学会改革的重要内容，也是服务社会的价值体现。江苏省能源研究会对承能工作高度重视，先后承担了包含科技评价在内的六类承能工作。2017 年 8 月与江苏省经信委签署《智慧能源与工业能效提升咨询合作协议》1项，开辟了承能工作的新途径。

二、做法经验

（一）项目背景

江苏省能源研究会致力于化石能源的高效清洁化利用、新能源的规模化利用和温室气体减排及其资源化利用等领域的科学研究与技术创新。苏州市区位优势明显，工业经济发达，但也是重化工业的集聚区，煤炭资源消耗量居高不下，煤烟型污染严重。化石能源高效清洁利用既是节能减排的主要途径，也是低碳绿色发展的重要手段，对苏州经济转型发展至关重要。发挥江苏省能源研究会的专业优势，探索一条具有苏州特色的节能减排之路是本项目产生的重要背景。

（二）"能效之星"工作方案

江苏省能源研究会联合江苏省经信委节能处、苏州市经信委节能处、江苏省节能监察中心、江苏省节能技术服务中心和苏州市节能技术服务中心等团体会员（或专业委员会挂靠）单位，筹划了苏州市"能效之星"企业评定工作方案。

1. 活动宗旨

该方案以鼓励和表彰企业节能减排科技创新并取得卓著成效的企业为宗旨，实现政府调控、企业获益、社会进步"三赢"的目标。

2. 标准制定

为保障科技评价的科学性和规范性，由苏州市节能技术服务中心制定了"能效之星"企业评价标准（江苏省地方标准）；由江苏省能源研究会、江苏省节能技术服务中心等单位的专家审定该地方标准；再经标准化主管部门备案并正式发布执行。该地方标准的发布不仅规范了评价工作，也成为本项目的创新特色之一。

3. 政府推动

苏州"能效之星"活动得到了苏州市人民政府的大力帮助和支持。苏州市人民政府向区（县）节能主管部门下达"能效之星"三星级以上企业达标数指标，并作为区（县）节能工作考核的重要依据和定量指标。各区（县）也制定了相应的奖励和考核措施，成为苏州"能效之星"评定活动的主要驱动力。

4. 第三方服务

由苏州市节能技术服务中心牵头，组织第三方专家为自愿参加"能效之星"评定活动的企业提供节能改造相关的专业技术服务，提升企业实施能源管理与节能改造的能力和水平，成为企业的收益之一。

（三）评价质量控制

1. 专家培训

为了保证评价的客观公正和科学性，每次评估前均安排时间组织专家学习《苏州能效之星企业评定标准》，统一掌握评价尺度。

2. 组内复评

评价过程中，按照参评企业的行业类型分为若干评价小组，对各参评项目均实行组内专家复评，对复评差异大的项目以及评价中存在的特殊情况，需在小组内研讨后取得一致看法，并提出相关问题的解决方案。

3. 大组评议

在小组完成评价后，召开由各小组长组成的大组评议，对各小组的特殊处理方案予以确认或复核，最后提交项目评价结果和特殊情况处理的备案材料。

4. 评估结果公开

为保证评价结果的客观公正性，并接受社会监督，"能效之星"评定结果对社会公示，并接受参评企业和社会公众对评价结果的反馈与质疑。实践表明，"能效之星"的评定标准与评价工作机制是有效的，评定结果得到企业和社会公众的认可。

三、工作成效

承能工作是一项复杂的系统工程，既是一项专业技术工作，也与社会文明进步的大趋势相关联，因此，需强化组织领导、制度和机制约束以及过程控制等环节。

（一）强化组织领导与技术支持

江苏省能源研究会全面部署贯彻落实江苏省委和江苏省科协的会议精神，强化了对承能工作的组织领导和专家支持。

成立了以理事长为组长的承能工作领导小组，负责承能工作的组织领导、统筹规划和纪律督查等；成立了以秘书长为主任的承能工作领导小组办公室，负责项目的组织实施、沟通协调以及规章制度的制定与修订等；成立了以学术委员会委员为主组成的承能工作专家委员会，负责技术咨询、方案论证、绩效考评等专业工作。

（二）制度规范与工作机制

1. 规范与标准

江苏省能源研究会围绕现代科技社团改革的要求，建立了相对完整的框架体系和规章制度。同时，结合"能效之星"活动的特殊需求，发布并实施"能效之星"企业评价标准（江苏省地方标准）1项。

2. 工作机制

为了保障承能工作的顺利开展，不仅需要建立完整规范的制度，还要建立与之配套的工作机制。为此，江苏省能源研究会建立了项目管理、财务管理、资料管理、公开公示等工作机制。项目管理机制包含项目申报、立项审查、中期检查、结题验收等内容，并确定相应的实施主体和工作职责；财务管理机制包含立项阶段的经费预算、执行过程中的报销审核以及项目结题后的绩效评估等内容，并确定了相应的实施主体和工作职责；资料管理机制包含项目资料收集、分类、存档管理、项目资料的签收与出借管理等内容，并确定了相应的实施主体和工作职责；公开公示机制包含公示形式（网站、微信、电子刊物等）、公示内容（财务信息、进展信息、成果信息等）等内容，并确定了相应的实施主体和工作职责。

3. 评估质量监管

科技评估的基本要求是评估质量可控且可追溯。除了建立规章制度和工作机制外，对评分记录还提出以下要求：一是要有评价依据的简述和测算过程的记录；二是对特殊情况的处置需组内专家研讨并取得一致，并有书面记录备案；三是对两位主审专家评价差异大的项目做第三人的复评，并在讨论的基础上确认复评结果。

（三）企业获益

自愿参加苏州"能效之星"活动的企业可获得以下收益：一是由第三方专家团队提供的节能潜力诊断与节能技术服务；二是对已经实施的节能技改项目由第三方专家团队出具节能量评估报告；三是通过自愿参与"能效之星"企业创建工作，可以提高企业能源管理的水平和国内外市场竞争力（打破绿色壁垒）；四是从节能技改项目中获得经济效益；五是获得三星级以上"能效之星"评价的企业还可以得到政府的奖励资金。上述直接和间接的效益，调动了重点用能企业（能源成本占比大）积极参与该项活动的积极性。

截至 2016 年，累计参加"能效之星"评定的企业已达近千家，获得三星级以上"能效之星"的企业累计超过 411 家（五星级"能效之星"企业 6 家），企业累计投入节能技术改造资金约 76 亿元，累计节能量约 280 万吨标准煤。"能效之星"活动成为苏州节能的一个创举，在国内外引起高度关注，并起到了良好的示范效果。国家发展和改革委员会所属国家节能中心在苏州"能效之星"企业评价的基础上推出了中国"能效之星"企业评价活动；工业和信息化部（以下简称工信部）在苏州"能效之星"企业评价的基础上，推出了"能效之星"产品评价活动。可见，苏州市"能效之星"企业评定工作取得了显著的社会效益和经济效益，实现了政府监管、企业效益和社会效益的"三赢"。

江苏城市轨道交通工程质量安全监督检查及状态评估

江苏省土木建筑学会

一、背景意义

近年来，国内城市轨道交通工程迅猛发展，截至 2018 年 9 月，江苏省已有 8 个城市获批城市轨道交通工程，建设规模处于国内前列。但城市轨道交通工程建设涉及专业多、建设周期长，施工环境复杂并且风险大，一旦出现安全事故，将造成重大的经济损失和人员伤亡，给社会带来重大的负面影响。为加强工程质量安全的监管和指导，江苏省住房和城市建设厅（以下简称江苏省住建厅）作为全省工程建设的行政主管部门，2016 年首次开始尝试采用政府购买服务的方式，将每年江苏省城市轨道交通工程质量安全监督检查及状态评估工作委托给江苏省土木建筑学会。

江苏省土木建筑学会作为社会团体承担此项任务，对能力提升有十分重要的意义，也是协助政府主管部门全面掌握和指导全省城市轨道交通工程建设的需要，对提高全省城市轨道交通建设质量安全发挥重要作用。

二、做法经验

为适应全省城市轨道交通快速发展的需求，2014 年 10 月，江苏省土木建筑学会专门成立了城市轨道交通建设专业委员会（以下简称专业委员会），为高质量完成江苏省住建厅委托的相关工作，专业委员会在加强秘书处等内部建设的基础上，还重点加强了如下三方面的工作。

（一）加强专家库建设，并充分发挥专家团队作用

专业委员会在成立之初，就十分重视加强专家库的建设。各会员单位申报后，通过筛选，现已建有 351 人的江苏省城市轨道交通质量安全专家库，涵盖

勘察设计、土建施工、设备安装、应急安全 4 类 28 个专业，其中中国工程院院士 2 人，所有人员均具有高级职称，专业水平高、综合素质好，具有丰富的城市轨道交通建设从业经验，为承接好政府职能提供了良好的技术储备。

4 年来，专家团队在学会组织的各项活动中发挥了重要作用。如在全省城市轨道交通工程科技创新活动和省内范围的地铁公司开展咨询服务活动等，专家团队先后为社会提供了数千人次的技术服务，既提高了专家的知名度，也提高了学会的综合服务能力。

（二）加强与政府主管部门汇报沟通，并得到大力支持

专业委员成立的其中一项重要任务就是当好政府的助手，所以十分重视政府主管部门交付的每一项工作，并经常献计献策，及时进行汇报沟通。根据江苏省委、省政府下发的《江苏省市县政府职能转变和机构改革意见》（苏办发〔2014〕31 号）文件精神，2014 年年底，江苏省土木建筑学会成为江苏省首批政府职能转移试点单位。江苏省住建厅先后以职能转移、项目委托和购买服务 3 种方式，分别委托专业委员会开展了全省城市轨道交通系列标准指南编制和多项科研课题研究、城市轨道交通省优质工程奖"扬子杯"评审推荐、城市轨道交通工程质量安全状态评估等多项工作，为全面提高江苏省城市轨道交通建设水平发挥了重要作用。

（三）积极探索监督检查及状态评估模式

2016—2017 年，专业委员会两次承担江苏省住建厅委托的全省城市轨道交通工程质量安全监督检查及状态评估工作。为高质量完成该项任务，专业委员会积极探索工作模式，抓好事前、事中和事后 3 个环节。

1. 事前周密策划，精心准备

专业委员会接受任务后，迅速召开会议，周密策划，研讨检查方案；通过调研及时收集各地工程信息，按工程建设进度情况，在专家库中选定相关专业的专家组成检查组；在检查前认真编制《全省城市轨道交通工程质量安全监督检查及状态评估手册》，手册中明确检查时间、检查依据、实施组织、检查要求、评估方法等内容，为顺利开展检查做好充分的准备。

2. 事中严格要求，精准服务

在检查过程中，检查组严格按住建部《城市轨道交通工程质量安全检查指南》等要求实施，检查内容涉及建设单位、监理单位、施工单位、工程施工质量、现场安全措施、检测单位、监测单位及实体质量检测 8 个方面，检查方法

是在全省每条在建线路中随机抽查 2 个标段，并在每个城市检查结束后，集中所有的参建单位相关人员召开讲评会，专家分别结合检查情况和照片，讲评好的做法和不足。通过检查和讲评，检查组很好地发挥了对工程建设的督导、引导和指导作用。

3. 事后严谨分析，科学公正

检查结束后，专家们召开内部讨论会，对检查结果进行仔细分析，确保编制的检查通报和状态评估报告的科学公正。2017 年评估报告内容主要包含国内及江苏省城市轨道交通基本情况、全省城市轨道交通建设管理及模式、全省城市轨道交通工程质量安全管理现状、全省城市轨道交通工程质量监督数据统计分析、全省城市轨道交通工程安全监督数据统计分析、对策和建议 6 个部分。该报告是江苏省住建厅全面掌握和评价全省城轨在建项目质量安全的重要依据，也为政府决策提供重要的技术咨询。

三、工作成效

（一）委托单位的高度肯定

2017 年，专业委员会第二次承担江苏省住建厅委托的全省城市轨道交通工程质量安全及状态评估服务，共参加专家 15 人次，全过程 16 天，提交督查通报 1 份和状态评估报告 1 份，在当年全省城市轨道交通工程质量安全监督检查讲评会上被采用，得到了委托单位和与会领导的高度评价。

（二）取得了良好的社会效益

专业委员会通过承担省住建厅转移的全省城市轨道交通工程质量安全监督检查与状态评估等工作，在行业中奠定了良好的社会地位，得到了全省城市轨道交通参建各方的高度肯定。2018 年，专业委员会已发展会员单位近 100 家。

（三）获得了一定的经济效益

江苏省土木建筑学会开展的各项活动虽不以盈利为目的，但在取得良好社会效益的同时也带来了一定的经济效益。如安徽省住建厅已经 3 次委托江苏省土木建筑学会帮助提供技术咨询服务；苏州地铁公司也 2 次委托江苏省土木建筑学会对苏州地铁 4 号线进行项目工程验收和竣工验收，先后取得经济效益 20 余万元。

以第三方评估为抓手促进
社会化智库建设

山东省应用统计学会

一、背景意义

目前社会团体已陆续开展了第三方评估活动，积累了一定的实践经验，但就总体而言，仍然存在各地区和各行业发展不平衡、评估活动水平参差不齐、评估结果的社会公信力尚未得到完全认可等问题。迫切需要结合学会实际，构建一套第三方评估的规范化工作体系，并建立一套保障制度。

开展本项目研究具有重要意义：一是为学会开展第三方评估提供理论指导；二是通过广泛调研总结探讨第三方评估的经验，探索第三方评估工作的可复制、可推广的经验做法和模式，为更多学会提供参考借鉴；三是有利于促进学会更多地承接政府购买服务和承接政府转移职能，并有利于培育第三方评估主体；四是有利于促进政府转移职能；五是有利于推进国家治理体系的现代化建设。

二、做法经验

（一）做法

1. 积极承接政府购买服务，大力开展第三方评估

山东省应用统计学会开展智库建设的突出特点是以第三方评估为业务工作的"总抓手"，注重拉长评估链条，使第三方评估与决策咨询、科研创新和学术交流密切结合。近几年，学会积极开展第三方评估的理论研究和实践探索，建立了3个评估专家库，建立健全了第三方评估的各项保障制度，抓住政府购买服务的机遇，承接的第三方评估项目累计70多项。

2. 以调研为基础，积极咨政建言，更好地服务领导决策

山东省应用统计学会结合评估及经济社会发展实际，通过调研发现问题，并以问题为导向，围绕问题深化研究，积极开展咨政建言，近几年共有 40 多篇决策咨询建议被中央领导、省领导和济南市领导批示。

山东省应用统计学会经不断创新，初步探索出了一条"积极承接政府购买服务——大力开展第三方评估——大力开展调查研究——更多撰写高水平决策咨询建议——更好地服务领导决策——大力开展技术培训和研讨交流——更好地服务社会"的社会智库创新发展之路。作为积极发展中的智慧型学会，山东省应用统计学会把第三方评估作为智库建设的核心和工作"总抓手"，积极承接政府购买服务，大力开展第三方评估，并将评估与深化研究、决策咨询、研讨交流、技术培训等各方面工作有机结合起来，通过拉长评估链条、不断延伸服务，由此带动智库建设和学会整体工作不断跃上新水平。

（二）制度建设

山东省应用统计学会在第三方评估工作中研究制定了一系列的规章制度，保障了评估的规范化、科学化和工作质量。

① 制定《社会组织评估质量控制办法》。

② 制定《评估赋分原则和赋分方法》。

③ 制定《评估第三方机构职责》。

④ 制定《评估专家工作守则》。

⑤ 制定《第三方评估机构评估办公室专职服务人员工作守则》。

⑥ 制定评估期间《评估档案室管理制度》。

（三）工作团队

山东省应用统计学会在不同类型的评价项目中，根据项目的类型逐步建立了学会的专家库。如在国家基本公共卫生项目第三方绩效考核中，学会建立了200 多人的专家库，专家库涵盖了公共卫生考核的各个项目领域的知名专家，可以满足考核工作各方面的要求。

在科技项目评价中，学会也建立了科技领域的专家团队，根据项目的需求选择合适的专家参与项目评价。

在学校教育评价中，学会凭借会员的优势，建立了庞大的教育专家队伍。

总之，学会在开展第三方评估工作时，根据评估类型的不同选择合适的专家，同时，学会已逐步发展成为实体型学会，配备专职人员，配合每次考核的专家团队，共同完成考核任务。

三、工作成效

（一）承接政府购买的第三方评估服务项目

2013 年至 2018 年 6 月底，累计完成了 73 项第三方评估项目（其中 2013 年 2 项、2014 年 3 项、2015 年 6 项、2016 年 18 项、2017 年 20 项、2018 年 1～6 月 24 项）。尤其是 2018 年上半年，通过招投标或接受委托等方式承接国家、省、市、县四个层级的第三方评估任务 24 项，实现历史新突破。一是受中国科协之邀，学会秘书处的两名专家参与了国务院第二批双创示范基地的第三方评估工作，圆满完成了相应的评估任务。二是通过招投标方式承接了山东省人力资源和社会保障厅购买的 2017 年度全省就业目标责任考核任务，考核对象是 17 个市政府。三是通过招投标或接受委托等方式承接了 1 个地级市和 21 个县（区）的基本公共卫生服务项目绩效考核任务。

除上述评估项目外，近几年山东省应用统计学会还先后开展了政府部门政风、行风的第三方评估、省属事业单位第三方公众考核、"大众创业、万众创新"政策落实情况评估、简政放权第三方考核、养老服务项目第三方评估、精准扶贫绩效评估、助力地方创新驱动发展工程绩效评估、学会承接政府转移职能第三方评估、政协民主协商评估、省级工程中心绩效评估、创新创优考核、计划生育综合考核、基层医疗卫生机构标准化验收、家庭医生签约服务绩效考核、河长制绩效评估、"放管服"改革成效评估等，还两次派专家参加了国务院"双创"示范基地的第三方评估。这些评估项目均产生了很好的社会反响。

（二）撰写决策咨询建议，服务领导决策

自 2011 年以来，学会主要负责人撰写的决策咨询建议或调研报告先后有 44 篇被中央领导、省部级领导和济南市领导批示，其中张高丽批示 2 次、刘奇葆批示 1 次。近几年，决策咨询建议获领导批示的数量一直较多，如 2015 年批示 8 篇，2016 年批示 7 篇，2017 年批示 8 篇，2018 年以来获批数量和质量均有大的突破，山东省省委书记刘家义，山东省委常委、济南市市委书记王忠林，山东省副省长孙书坚、孙继业、于国安，山东省政协副主席赵家军，济南市市长孙述涛等领导同志，对学会秘书处同志执笔撰写的 13 篇决策咨询建议和调研报告先后做出重要批示，其中，省委书记刘家义批示了 8 篇。

人 才 评 价

汽车工程师专业水平评价工作

中国汽车工程学会

一、背景意义

中国正处于汽车大国向汽车强国迈进的关键时期。"中国制造 2025"的全面实现，离不开汽车产业的全面振兴。其中需要大批不同层级的梯队式专业人才充实到汽车研发、设计、生产、测试、管理、营销、维修等各个环节中去。汽车行业需要对专业人才的能力进行精准定位。

汽车企业的兼并重组，大批国际项目的合作，海外人才的回归，企业之间人才的正常流动，都涉及相关人员专业水平的准确评价。若这方面工作缺失或不足，势必影响项目的进展和人员的准确就位，对人才的使用也难以做到人尽其才。

2015 年，中国科协所属 18 家工科学会就人才水平评价的相关问题在科技工作者、专业技术人员中开展问卷调查工作，通过调查分析，发现人们参加水平评价的主要目的已不再是升职加薪，而是要提高自身的专业技术水平，进而获得同行认可，追求更多的是自身价值的体现。持有同行认可的评价证书，对个人的发展、企业选人用人方面将有极大的帮助。

中国汽车工程学会（以下简称中汽学会）作为中国科协所属学会有序承接政府转移职能扩大试点单位，在汽车行业人才评价特别是专业技术人员水平评价方面肩负历史使命，不仅要满足工程师个人成长需求，更要满足企业"走出去""引进来"等人力资源管理的需求。基于上述原因，中汽学会有责任搭建汽车人才评价工作平台，以激励汽车人才成长，为产业做大做强奠定人才基础。

二、做法经验

（一）组建专业的工作团队

中汽学会自 2004 年经中国科协授权开展汽车工程师专业技术资格认证工

作，工作启动之初便组建了专业的部门、专门的工作人员来负责此项工作，经过 14 年的发展，工作人员均已积累了丰富的经验。

2016 年，"汽车工程师专业技术资格认证"正式更名为"汽车工程师专业水平评价"。为更好地为汽车工程师水平评价工作服务，2017 年，经中汽学会常务理事会同意，中汽学会人才评价工作委员会成立，第一届委员单位由中汽学会、中国汽车人才研究会、中国汽车工业协会、部分整车集团、部分零部件集团、部分科研和教育机构、中汽学会专业分会和地方学会等 11 家单位组成，为汽车工程师水平评价工作注入新的活力。

（二）建立健全完善的制度和完整的文件体系

自 2004 年开展此项工作以来，中汽学会便组织专家研讨汽车工程师专业技术资格认证的制度建设和文件体系，1 年后，建立了完整的汽车工程师专业技术资格认证制度和文件体系，组建了完整的专家队伍，并在行业内有序组织汽车工程师专业技术资格认证工作。

随着汽车行业的发展，社会制度的变迁，汽车行业专业技术人员对汽车工程师水平评价需求的变化，中汽学会 2016 年将此项目更名为"汽车工程师专业水平评价"，并随之调整汽车工程师水平评价的相关文件和标准。2017 年，经专家论证，最终确定了《汽车工程师能力标准》草案，2018 年定稿并以团体标准进行发布。《汽车工程师能力标准》更强调工程师的工程技术能力。

《汽车工程师能力标准》发布实施后，中汽学会积极组织专家对汽车工程师水平评价制度建设和文件体系进行更新和完善，以保证汽车工程师水平评价工作能顺利进行。

（三）构建完备的专家队伍

中汽学会依据汽车行业岗位特点，细分为汽车产品、汽车制造、汽车电器、汽车材料、汽车诊断、汽车营销、汽车管理和汽车造型 8 个专业领域，中汽学会的专家队伍也对应于此 8 个领域，实现了真正小同行评价。目前，中汽学会汽车工程师水平评价的专家队伍以行业内有影响力的专家为主，同时也在抓紧培育青年专家，实现汽车工程师水平评价专家队伍的梯度建设。

三、工作成效

中汽学会将专业水平评价工作与学会继续教育、科普等业务有机结合，为专业技术人员搭建了展示个人能力、获得社会认可的大平台，有效促进其职业成长，同时也为企事业单位选人用人提供了有力依据，从而获得了全行业的高度认可和广泛赞誉。2017年，申请汽车工程师水平评价的人员有316人，结转2018年129人，初审通过187人，终审通过164人。2018年，收到华晨汽车集团、汽车防腐蚀老化分会提出的申请，2018年5月和8月分别完成了华晨汽车集团、汽车防腐蚀老化分会的高级工程师和中级工程师的评价工作。

水电项目人才评价能力建设

中国水力发电工程学会

一、背景意义

中国已建、在建和规划中的水电超级工程数量众多、规模庞大，水电已成为中国发展清洁能源的主力军。当前，中国倡导一带一路建设，水电已经成为先行者，承担更大的责任。

多年来的技术积累，中国水电创新了大量的水利水电工程尖端技术，积累了雄厚的人才队伍，形成了一大批工程勘察设计、项目规划和投融资、运营管理、工程建设等领域的顶尖企业。但中国水电行业众多的创新成果的鉴定和推广，优秀水电人才的认定和举荐，先进的建设管理标准的评价及推广工作已不能满足行业的发展需要。从世界范围内来看，诺贝尔科学奖、菲尔兹数学奖、费米物理学奖等学会科技奖更具社会影响力。中国有影响力的社会力量科技奖的数量太少，这与中国的世界大国地位和建设科技强国的目标是极不相符的。中国水力发电工程学会作为水电行业的平台和枢纽，承担起这项工作责无旁贷。

二、做法经验

中国水力发电工程学会自 1980 年成立以来，就把项目评审、人才评价工作作为重要的社会服务内容，纳入到学会特色服务范畴。2009 年，设立了"水力发电科学技术奖"及"潘家铮奖"，并承担了国家科学技术进步奖和光华工程科技奖的推荐工作，成为水力发电行业科技进步宣传和人才举荐的堡垒和基地，为宣传水电优秀人才、推广水电科技做出了突出贡献，在水电领域具有广泛的社会影响力。

（一）水力发电科学技术奖评奖经验

水力发电科学技术奖是经国家科技奖励主管部门批准，由中国水力发电工程学会设立和承办、面向全国水力发电行业的科学技术奖。同时，为了表彰奖励在水力发电工程科学技术领域和生产一线取得突出成绩和重要贡献的工程师、科学家，下设子奖项"潘家铮奖"和"水电英才奖"。奖励在水力发电科学技术进步中做出突出贡献的集体和个人。中国水力发电工程学会在长期的科技成果鉴定以及水电科技人才举荐工作中，建立了具有广泛代表性的评审专家库，并形成了规范严谨的评审、评价制度，通过多年的实践，运营良好，组建了出色的管理团队。

（二）评奖机制

1. 水力发电科学技术奖

每年奖励 1 次，是对有关单位和个人在促进水力发电科学技术进步活动中做出重要贡献的表彰。

2. 潘家铮奖

每 2 年奖励 1 次，奖励人数每次不超过 3 人。旨在表彰奖励在水电水利工程科学技术及管理领域取得突出成绩和重要贡献的工程师、科学家，激励其从事水电水利工程科技研究、发展、应用的积极性和创造性，促进水电水利科学技术事业发展。

3. 水电英才奖

每年奖励 1 次，奖励人数每次不超过 10 人。旨在表彰奖励在水力发电工程建设、运行管理及教育科研领域一线工作取得突出成绩和重要贡献的工程师和科技人员，激励其从事水力发电工程建设、科技研究、创新发展的积极性和创造性，促进水电科学技术事业发展。

三、工作成效

（一）提升奖励的社会认可度

1. 严格把关，确保评奖质量

水力发电科学技术奖励委员会是水力发电科学技术奖的最高评审机构，奖励委员会下设水力发电科学技术奖励工作办公室。奖励委员会优选水力发电各相关专业的专家建立评审专家库，每年根据申报项目的专业特点，聘请其中部分专家组成评审组，评审组组长人选由奖励办公室提名，报奖励委员会主任委员批准。评审组按照科学、公正的原则，进行严格评审。

2. 加强奖励的品牌宣传，提高社会影响力

水力发电科学技术奖励办公室将奖项的品牌宣传作为重要日常工作，通过各种途径进行宣传，旨在提高奖励的社会影响力和美誉度。

（二）获奖成果的宣传

每年均举办全国水电行业的"水电发展论坛暨水力发电奖科技奖颁奖典礼"，该项活动是水电行业的年度盛会，会上对获奖单位和个人进行隆重颁奖并通过各类媒体进行宣传。

1. 获奖成果提升和获奖人才推荐

对于突出的获奖项目，发挥中国水力发电工程学会的行业平台作用，推荐其申报国家级科学技术奖励。举荐突出的获奖人才担任国际科技组织领导职务，并对其事迹进行大力宣传。

2. 做好典型获奖成果的技术推广工作

对于紧跟水电领域战略性、前沿性、颠覆性技术的获奖成果，通过实地调研，进行技术推广，并在合适的工程项目及研究领域积极推荐使用。

制冷专业技术人员专业水平评价

中国制冷学会

一、背景意义

2004 年 9 月，中国制冷学会经中国科协所属学会发〔2004〕097 号文批准，成为中国科协所属的 12 个开展专业技术资格认证工作的试点工科学会之一。

2005 年起，中国制冷学会开始开展制冷工程师资格认证；2006 年起，开始开展制冷高级工程师资格认证；2017 年，将专业细分为"制冷系统""空调系统"和"制冷空调设备"3 个方向，并开始助理工程师的评定。

其间，根据国家相关政策，"中国制冷学会制冷专业技术资格认证"更名为"中国制冷学会专业技术人员专业水平评价"。同时，中国制冷学会于 2014 年成为中国科协指导下建立的"全国学会专业技术人员专业水平评价工作群"（以下简称水平评价学会群）的创始单位之一。

中国制冷学会开展水平评价工作的宗旨是为从事制冷空调等相关专业技术人员提供有效反映其专业水准的水平评价服务，为用人单位录用相关领域技术人员提供可靠参考。

依托 25 个省级制冷学会构成的网络，中国制冷学会在全国范围内开展专业技术人员专业水平评价工作。截至 2017 年，已评定了助理工程师 9 位，工程师 804 位（其中 9 位来自中国台湾）、高级工程师 361 位（其中 24 位来自中国台湾）。其中，部分全国代表性的工程技术专家和各省大量的代表性专家参评了中国制冷学会高级工程师。

在中国科协的指导下，中国制冷学会坚持不断完善水平评价制度体系，提升评价质量，树立良好的社会公信力；积极联合省级学会与各省相关部门沟通，争取在省级层面打开承接相关转移职能的突破口。同时，根据中国科协的最新精神，中国制冷学会依托历年评定的高级工程师和 2018 年开始评定的资深工程师资源，开始着手建设中国制冷空调工程技术智库。

中国制冷学会水平评价工作在为行业和社会提供更好的服务方面做了较多探索和努力，取得了一定的成果。

二、做法经验

（一）中国制冷学会建立了专门机构和高水平的工作团队

2018 年，中国制冷学会第四届专业技术人员专业水平评价委员会共有 28 位委员。其中主任 1 位，由中国制冷学会秘书长担任；"制冷系统"方向 9 位，含 1 位副主任；"制冷空调设备"方向 7 位，含 1 位副主任；"空调系统"方向 7 位，含 1 位副主任；产业密集省份省级制冷学会代表 4 位。3 个方向的委员，包括高校、研究设计院所、企业专家，都是本方向的资深、知名专家，且多是本单位技术团队的负责人。各位委员抽出大量时间，深度参与了中国制冷学会水平评价工作。

（二）建立了较为完善的制度体系

2016 年，中国制冷学会第四届水平评价委员会新成立后，经研究决定，将中国制冷学会水平评价工作分"制冷系统""制冷空调设备"和"空调系统"3 个方向。根据新规划，委员会组织对相关制度做了大幅度的修订，形成了系统化的制度体系。目前，中国制冷学会水平评价工作的相关制度文件包括：

《中国制冷学会专业技术人员专业水平评价工作实施方案》《中国制冷学会专业技术人员专业水平评价申请细则》《中国制冷学会专业技术人员专业水平评价复审细则》《中国制冷学会工程师考试大纲》《中国制冷学会专业技术人员专业水平评价报名注意事项》《中国制冷学会专业技术人员专业水平评价通用申请表》和《中国制冷学会资深工程师申请表》等。

上述文件，对水平评价各个环节的工作，做了较为细致、科学的规定，确保了中国制冷学会水平评价工作有序健康开展。

（三）依托地方学会开展相关工作

为了确保水平评价工作的正规化，同时也为了促进省级制冷学会的工作，提升地方学会活力，中国制冷学会依托 25 个省级制冷学会在各省开展相关工作，不与社会机构开展任何合作。各省级学会承担本省宣传、报名组织、申报材料形式审查，参与本省工程师考试组织、高级工程师面试组织等各环节的工作。中国制冷学会组织专家开展命题、评审等核心工作。因为与省级学会间存在较强的指导关系，确保了中国制冷学会对水平评价各环节的要求能够切实落实。

三、工作成效

中国制冷学会本着"坚持严格要求，宁缺毋滥"的原则，2017—2018 年，共 320 位工程技术人员申请了中国制冷学会 3 个方向、5 个等级的专业技术水平评审。其中，2017 年评审通过见习工程师 1 人（试行）、助理工程师 9 人、工程师 69 人、高级工程师 31 人。2018 年中国制冷学会专业技术人员专业水平评价工作，其中工程师和高级工程师的申报人数均达到历史较高水平，在行业中形成了较大的影响。如烟台冰轮、大连冰山、丹佛斯等一批本行业国内外领军企业的技术负责人纷纷提出申报，进一步扩大了学会在行业中的影响力。

核工程专业工程能力评价

中国核学会

一、背景意义

2012 年 10 月 24 日，国务院常务会议讨论通过《能源发展"十二五"规划》，并通过《核电安全规划（2011—2020 年)》和《核电中长期发展规划（2011—2020 年)》，为未来一段时期内中国核电的发展指明了道路。中国核电发展进入了新的阶段，核事业发展正在朝着国家规划和核从业人士希望的方向前进。

但是，当前核工程类专业教学还不能满足国家核事业发展的需要，随着国家核能、核技术的发展，在相当长的一段时期内，高质量核工程科技人员稀缺依然是个问题。随着 2016 年中国成为《华盛顿协议》正式成员和政府不断加大职能转变的力度，建立中国高等工程教育专业认证和工程师资格国际互任制度已成为工程界和教育界的广泛共识。因此，需扩大核工程类认证范围，进行深入研究。

我国人力资源和社会保障部按照国务院常务会议精神进一步调整完善并报国务院批准后，向社会公布了国家职业资格目录。工程师国际互认工作所涉及的人员职业资格共计 10 种，其中核领域的工程师资质仅有核安全工程师，该资质由人力资源和社会保障部、国家环境保护总局共同认可，主要用来提高核安全专业技术人员素质，规范核安全关键岗位的管理，确保核与辐射环境安全，在核安全及相关领域中建立注册核安全工程师执业资格制度。

目前，国际工程师制度典型模式主要分为 4 种——自由模式、单元适度规制模式、单元（或多元）严格规制模式、多元适度规制模式。以上 4 种模式的代表国家分别是德国、英国、加拿大、美国。国际上工程师认证制度紧密结合工程教育、继续教育，并为工程师设定多路径的职业发展阶梯。同时，工程师认证融通工程专业教育和职业技术教育，并有严格的工程师会员管理制度。

工程师资格国际互认虽表现为学术问题、技术问题，但深层次关系到国家主权，涉及国家政治、经济、文化等诸多领域，世界各国在开放工程师资格互认问题上，均表现为极其审慎、稳妥的态度。因此，实现工程师资格国际互认将是技术贸易、服务贸易领域的重大突破。工程师资格国际互认的内容涉及专业技术人员教育培训与继续教育的标准、机构认证，以及专业学历、工程师资格认证等多方面，实现工程师资格国际互认将倒逼中国工程教育人才培养模式、工程师评价制度、工程师继续教育与培训体系等方面的重大改革，将有利于弘扬工程师精神和工匠精神。

中国核学会已承担核工程工程教育认证工作的相关职能，并已做出了大量的工作，而工程师国际资格互认的工作尚处于起步阶段。目前，中国的工程师制度是一种职称制度，一评管终身，不是国际上通行的能力框架，与注重教育背景、专业知识和技术能力，强调工程经验、项目管理能力、工程伦理、职业操守、熟悉法律规范的国际职业资格制度不能对接。这是中国推进工程师资格国际互认的最重要瓶颈。

二、做法经验

中国核学会在承担核工程工程教育认证工作和开展核工程专业工程能力评价工作中，一直延续结合企业路线和结合院校路线的工作经验。

（一）结合企业路线

工程师国际互认工作是一项非常有前瞻性的工作，对培养核电行业国际化工程技术人员、助力核电企业"走出去"、助推核电强国建设，都具有重大实践价值和深远战略意义；对企业提前布局培养国际化人才，加快"走出去"的步伐，具有非常重要的意义。因此工作之初，中国核学会和中国科协结合实际工作情况，选择了2家单位——中国中原对外工程有限公司和北京广利核系统工程有限公司进行了走访，对企业"走出去"面临的现实问题及潜在需求等进行深入交流，并最终确定该两家企业为试点单位。其中，中国中原对外工程有限公司是中核集团实施"走出去"战略的主力军，是中国唯一的核工业全产业链出口商。北京广利核系统工程有限公司覆盖了国内大部分在役和新建核电站，与多家国际知名能源企业开展了广泛的交流与合作，全面与国际市场接轨。

中国核学会邀请企业专家担任核工程专业指导委员会成员，并多次参加中国科协召开的关于《工程能力评价通用规范》的讨论，从企业的角度提出重要意见。同时，中国核学会委托试点单位通过海外项目对当地的工程师资质评价方面进行调研，注重对其他组织机构工程师资质评价方面具有的优秀经验进行借鉴和学习。

（二）结合院校路线

中国核学会在结合企业路线的同时，也紧密结合院校路线。工程师国际互认工作中，中国核学会选择哈尔滨工程大学作为此项工作的主要承办院校，主要负责《核工程专业工程能力评价标准》的制定。哈尔滨工程大学先后多次参与《工程能力评价通用规范》的制定，在通用规范的基础上，结合核工程的特色，制定了《核工程专业工程能力评价标准》。同时，哈尔滨工程大学作为承办单位积极与国际组织机构沟通学习工程师资质认证，并与国际组织机构一起举办交流研讨会。

三、工作成效

（一）调研成果

截至 2018 年 6 月，中国核学会在对国内外工程师认证工作进行了大量的调研，并取得了如下进展：

① 1 月 13 日：与美国机械工程师协会北京代表处进行紧密联系，并就工程师的认证进行沟通学习。

② 1 月 17 日：中国核学会通过北京广利核系统工程有限公司对英国和德国相应机构的人员资质认证调研。

③ 1 月 21 日：中国核学会观摩中国仪器仪表学会专业技术人员工程能力认证面试活动。

④ 1 月 24 日：中国核学会前往中国核电工程有限公司就人员资格管理进行调研。

⑤ 3 月 16 日：中国核学会领导带队赴阿根廷，参会期间就工程师的国际互认问题，与驻阿根廷中方企业相关单位，举行圆桌会谈。

（二）制定《核工程专业工程能力评价标准初稿》

召开了多次专家会议，对《核工程专业工程能力评价标准初稿》进行讨论和修订，全程得到了企业单位的支持。

（三）举办研讨会，加强多方沟通和交流

7月9日下午，中国核学会与哈尔滨工程大学联合主办了"核工程师质量、能力和教育培养"研讨会，邀请了来自中国、美国、英国、日本、韩国5个国家的专家学者与会做报告。研讨会的举办，对分享各国核工程师认证和培养的情况，助力推动中国工程师国际互认工作的开展具有积极意义。

技 术 标 准

干细胞标准工作体系的建立

中国细胞生物学学会

一、背景意义

干细胞是一类具有自我复制能力的多潜能细胞，在一定条件下，可以分化成多种功能细胞。干细胞为多种"不治之症"的治疗带来希望，将引领医疗领域的革命性变革，并对经济、社会发展产生重要影响，国际竞争空前激烈。

截至 2018 年，在干细胞治疗相关疾病方面，已经注册和正在开展的临床试验有 4 800 余项，涉及多种疾病的治疗。随着过去 10 多年里干细胞技术的迅猛发展，科学上已经建立了针对上述疾病功能细胞的分化、转分化的制备技术，部分细胞产品已用于临床。但面对庞大的临床需求，现有干细胞制剂难以达到标准化等方面的要求，对于细胞这一重要的物质资源来说，细胞整个制备过程极其复杂，不同来源、不同方法、不同批次间的功能细胞间存在着巨大的质量差异，且有突变风险，导致临床治疗效果参差不齐，限制了干细胞临床应用的发展。同时，干细胞领域尚无详细的技术标准和监管政策，正面临监管政策滞后、行业准入标准缺失的窘境。

为了规范干细胞临床转化工作，国家卫生和计划生育委员会、国家食品药品监督管理总局发布一系列针对干细胞临床研究进行管理的规范性文件，包括《干细胞临床研究管理办法（试行）》《干细胞制剂质量控制及临床前研究指导原则（试行）》《涉及人的生物医学研究伦理审查办法》《干细胞制剂制备质量管理自律规范》和《细胞治疗产品研究与评价技术指导原则（试行）》等，对保证干细胞制剂的质量和干细胞临床研究顺利开展，促进干细胞临床应用的转化具有重大意义。

纵观中国干细胞标准 10 多年来的发展，可以清晰地看到国内标准近几年发展较为迅速，相关标准在逐步完善和细化。但目前已有干细胞研究、临床应用及产品研发的监管文件，均以办法、指南、原则等为主，并没有上升到立法阶段，缺少可操作性。而没有技术标准和规范的约束，中国的干细胞产业将混乱不堪，未来的发展将陷入技术超前、法规滞后的状态。所以，我国应尽快确立中国的干细胞技术和临床应用规范，制定统一系统的质量控制标准。

二、做法经验

（一）干细胞标准工作组

2016 年 9 月 7 日，中国细胞生物学分会干细胞分会在长春筹备成立了干细胞标准工作组，成员包括来自于中国科学院动物研究所、中国标准化研究院、中国计量科学研究院、中山大学、苏州大学、国际标准组织等各领域的专家代表，计划制定的标准范围涵盖了干细胞从基础到临床转化的各个环节，为未来的干细胞标准制定提供全面的专业支撑。

1. 国内干细胞标准制定

2017 年 5 月 12 日，中国生物技术标准化委员会筹备座谈会在北京召开，会议提议未来应统一中国标准的国际出口，国内提出的生物技术相关标准应经过标准化委员会的审核及认定，才可提交到国际。2017 年 5 月 19 日，召开了干细胞标准工作组第一次会议，规划了干细胞标准框架。2017 年 7 月 17 日，召开了干细胞标准工作组第二次会议，讨论修订了干细胞标准。同年 11 月 22 日，《干细胞通用要求》发布，《干细胞通用要求》规定了干细胞术语和定义、分类、伦理要求、质量要求、质量控制要求、检测控制要求、废弃物处理要求，适用于干细胞的研究和生产。该标准是我国首个针对干细胞通用要求的规范性文件，在规范干细胞行业发展，保障受试者权益，促进干细胞研究健康发展等方面发挥了重要作用。标准的发布推动了中国干细胞标准化建设和发展，为中国的干细胞技术规范应用奠定了基础。

2. 国际标准工作

国际标准化组织/生物技术委员会（ISO/TC276）工作组于 2013 年成立，专门负责生物技术相关的标准化工作，共分为术语与定义、生物样本库与生物资源、生物分析方法、生物工艺过程、生物数据处理及整合 5 个小组。项目申请团队成员于 2017 年以中国注册专家的身份加入到 ISO，成为

ISO/TC 276 的工作组成员，并于 2017 年 11 月参与国际 ISO 的标准讨论并提案，标准工作组成员参加了为期 7 天的 ISO/TC 276 工作讨论会，并提交关于干细胞的安全性的提案。2018 年 6 月，标准工作组成员就干细胞微生物检测的提案进行了汇报和讨论，形成了讨论意见稿，有序地推进了 ISO 国际标准的进程。

（二）标准化干细胞库建设

1. 干细胞库致力于标准化、规范化管理

对供者筛查、细胞分离、干细胞库致力于标准化、规范化管理。对供者筛查、细胞分离、细胞制备、细胞鉴定、细胞检测、细胞放行、细胞临床应用各个环节严格控制，保证干细胞标准化应用。为了强化细胞库内部管理，进一步与国际交流合作，干细胞库建立健全了一套完善的质量管理体系，保证干细胞标准化、规范化的实施及应用。2018 年 7 月 2 日，北京干细胞库顺利通过 ISO 9001 认证，为中国干细胞标准化工作提供技术支撑。目前，干细胞库已建立 500 余株临床级细胞系，包括 300 余株临床级人胚胎干细胞系，基本可满足 70% 以上汉民族人口的配型，不仅达到了国际干细胞临床准入标准，且已通过了中国食品药品检定研究院的质量复核。

2. 中国首个临床级干细胞及衍生物检定标准的制定

遵从国际干细胞研究学会（International Society for Stem Cell Research，ISSCR）和国际干细胞组织（International Stem Cell Forum，ISCF）等国际组织制定的关于临床级别干细胞的标准，参照国家颁布的《干细胞制剂质量控制及临床前研究指导原则（试行）》，与中国食品药品检定研究院共同制定了中国首个临床级干细胞及衍生物的检定标准，推动了干细胞临床研究的规范化，已有一系列的干细胞系通过了中国食品药品检定研究院的质量复核，获得认证报告，保证了细胞的安全性。

三、工作成效

工作组根据所制定的标准体系框架开展工作，取得的进展主要包括：①发布了首个干细胞团体标准《干细胞通用要求》，并得到社会各界的高度肯定；②就干细胞相关专利审批工作中干细胞标准的重要性与国家专利局领导展开讨论并达成共识；③在研团体标准《干细胞库建设基本草案》《人胚胎干细胞质量要求》《间充质干细胞生产技术规范》《间充质干细胞质量要求》草案已形成，并已提交国家标准待进一步审批；④工作组成员承担国家重点研发计划干细胞与转化研究重点专项"干细胞制剂及应用的标准化研究"已正式立项；⑤完善了工作组管理章程，规范化标准建立流程，提高了工作效率。

建立职业标准体系
促进实验动物行业发展

中国实验动物学会

一、背景意义

经过 30 余年的发展，实验动物行业从业人员达 30 万人以上。然而，实验动物行业从业人员专业背景较复杂，多数从业人员对实验动物科学与技术背景缺乏系统了解，难以胜任实验动物专业工作，直接导致中国实验动物科学技术水平在国际上长期处于落后地位，成为生物医药、人类健康等生命科学领域科技创新的薄弱环节。

实验动物从业人员还普遍面临以下问题：①实验动物从业人员规模越来越大，但尚未被收入国家职业名录，从业人员待遇得不到落实；②职称评定未体现本专业的特点，实验动物专业得不到政府有关部门重视，有碍于本学科的发展；③从业人员大多缺乏本专业的系统教育，行业内也缺少针对从业人员的专业培训机构，导致实验动物从业人员缺乏行业认同感，人员流动性较大。美、日、欧盟等发达国家或地区早已开始对实验动物从业人员资质开始评定。我国急需对实验动物从业人员进行分类，按照不同的分类和等级有针对性地开展技术培训，并评价其专业技术能力。

制定本标准的意义在于通过继续教育全面提升实验动物从业人员专业技术能力，建立职业标准体系，带给个人更多选择，真正促进实验动物行业的发展。制定本标准是基于实验动物行业的工作性质需要，是为了提升实验动物从业人员职业素养和技能水平，也是为了赶超美国、欧盟、日本等国家或地区实验动物科技水平和支撑人类健康与生物医药创新发展的需要。本标准已成为中国实验动物学会开展实验动物从业人员分类和等级技能培训和评价的指导性文件。

二、做法经验

（一）国家政策支持

（1）根据《实验动物管理条例》"地方各级实验动物工作的主管部门，对从事实验动物工作的各类人员，应逐步实行资格认可制度。"的规定，本标准的制定可为国家实验动物主管部门制定《实验动物从业人员管理办法》提供工作基础。

（2）中国实验动物学会根据中国科协《关于加强继续教育工作的若干意见》的精神，结合实验动物科学技术人才岗位需求的特点和队伍现状，开展继续教育的工作。

（二）立足于行业现状

2015 年以来，学会从实验动物人才培养体系建立的战略角度，对国内实验动物从业人员职业能力发展现状，特别是继续教育需求进行了大规模的调研和分析，为高效率地开展实验动物行业从业人员继续教育及培训提供了重要资料。

（三）保证标准质量

为保证本标准质量，中国实验动物学会联合全国实验动物标准化技术委员会，建立了管理、评审、组织、起草四位一体的管理模式。

中国实验动物学会及其常务理事会主管部门统一管理、立项、审批、发布和出版。中国实验动物学会实验动物标准化专业委员会负责组织制定、协调项目分工。全国实验动物标准化技术委员会负责立项审查和标准审定工作。团体标准起草单位为实验动物行业内工作业绩较为突出的企事业单位，派出专家组成工作组参与起草工作。

2002 年开始，本标准制定的策划工作，经过行业专家反复磋商、征求意见，历经数十个版本，于 2016 年定稿发布。

（四）配套工作落实

（1）发布专业评价工作管理办法。为促进团体标准《实验动物从业人员要求》的实施，中国实验动物学会发布了《实验动物从业人员专业水平评价管理办法》，面向实验动物技术人员、实验动物医师和实验动物管理人员分别开展工作。

（2）设立专业委员会。中国实验动物学会设立"实验动物从业人员资格等级认可工作委员会"（以下简称从业人员认可工作委员会）全面负责专业水平评价工作，通过考试对技术人员进行评价，分别制定了不同等级的考试大纲和评价工作实施细则。

中国实验动物学会同时设立教育培训工作委员会，针对不同等级考试出版参考教材、分级构建考试题库、在全国范围内设立继续教育基地开展培训。

（3）开展培训工作。为配套从业人员专业水平评价工作，中国实验动物学会开展相关培训，培训途径有两种：①线上培训，建设继续教育网站"实验动物从业人员资格等级培训平台"，在线上进行分类、分级的标准化培训。②基地培训，教育培训工作委员会在全国范围内，依托有条件的大学和科研院校设立中国实验动物学会继续教育基地。各继续教育基地依据考试大纲、教材和标准化课程，结合自身特点自主培训。

三、工作成效

（一）工作成果

（1）中国实验动物学会继续教育网站"实验动物从业人员资格等级培训平台"，目前已调试完成正在准备培训资源。

（2）目前继续教育基地收到全国 13 家单位申请，根据教育培训工作委员会管理办法，已有 3 家基地通过验收并开展培训工作，分别是中国医学科学院医学实验动物研究所、西安交通大学医学实验动物中心和苏州大学。

（3）实验动物技术人员专业水平评价工作已开展。从业人员认可工作委员会根据《实验动物技术人员专业水平评价实施细则》，将技术人员分为初、中、高 3 级分别开展水平评价，教育培训工作委员会已针对各等级考试出版教材。2018 年共计 140 人报名考试，其中 74 人通过相应等级考试。

（4）实验动物医师专业水平评价工作正在建设中。从业人员认可工作委员会根据《实验动物医师专业水平评价实施细则》制定了考试大纲，将实验动物医师分为初、中、高 3 级分别开展水平评价。教育培训工作委员会同实验动物医师工作委员会共同编写参考教材。

（5）实验动物管理师水平评价。2017 年开展了实验动物管理师专业技术培训班。

（二）社会效益

（1）中国实验动物学会在全国范围内开展实验动物从业人员专业水平评价工作，并颁发技术等级认可证书。技术等级认可证书在全国范围内通用。该证书有助于各研发机构选择合适的实验动物专业人员，便于国家主管部门和行业协会对实验动物机构进行资质和能力认证。该证书是实验动物从业人员岗位能力的证明，可作为岗位聘用、任职、定级和晋升职务的重要依据。因此，本项评价工作得到广大实验动物从业人员的积极响应和参与。

（2）中国实验动物学会利用团体标准《实验动物从业人员要求》将继续教育与技能鉴定和科技人才评价紧密结合，建设了中高级技术人员培训和职业资格水平评价体系，提高了实验动物从业人员专业技术水平和职业能力。实验动物医师岗位培训项目曾在 2016 年获得中国科协继续教育示范项目立项资助。

（3）中国实验动物学会已是亚洲实验动物学会联合会（AFLAS）副主席单位和 AFLAS 中国培训基地，依据团体标准 T/CALAS 1—2016《实验动物从业人员要求》开展培训活动。

建立健全"中国标准" 推动智能网联汽车产业化发展

中国汽车工程学会

一、背景意义

汽车产业正在经历由机械、电子、软件时代向云计算、大数据、新商业模式的深刻变革。智能网联汽车深度融合了汽车、交通、电子、信息、通信等跨领域产业的汽车新业态,其发展对中国产业、经济、社会、安全、国家竞争力等方面意义重大,影响深远。

智能网联汽车的发展,使其产业链条从整车制造向芯片、5G、云计算、AI 等更宽泛的领域延展。目前,国内智能网联汽车发展日益成熟,关键技术创新不断加快,产业协同效应逐渐形成,发展适应中国交通环境和驾驶行为、匹配中国产业发展的智能网联汽车是必然选择。同时,智能网联汽车涉及国家信息安全、数据安全、产业安全,应从战略层面推动"中国标准"建设。

发展中国的智能汽车产业,就要打造中国标准智能汽车。采用中国标准有4 个优势:①适应中国独特的交通环境和驾驶行为;②利用中国 ICT、互联网产业的良好基础,突出"两化(信息化与工业化)融合"的发展特色;③发挥中国快速达成共识、快速推进的体制优势;④保障国家信息安全及产业安全。同时,中国标准智能汽车也应满足符合中国基础设施标准、符合中国联网运营标准、符合中国新体系架构汽车产品标准 3 个条件。中国标准智能网联汽车要良好发展,关键要依靠产业化与技术创新。中国标准智能网联汽车产业化,亟须智能网联计算基础平台、智能网联车载终端基础平台、智能网联汽车云控基础平台、高精度动态地图基础平台、信息安全基础平台 5 个技术基础平台。

2016 年,在工业和信息化部的指导和支持下,中国汽车工程学会联合汽车、通信、交通等领域的企业、高等院校、研究机构,发起成立了"中国智能网联汽车产业创新联盟"，并将推动智能网联汽车标准自主开发与应用作为联盟的一项重要工作。

二、做法经验

（一）建立健全标准工作组织建设，加强标准化工作的顶层设计与系统规划

智能网联汽车涉及汽车、交通、信息等多个产业，为了系统推进标准的制定与实施，中国汽车工程学会依托中国智能网联汽车产业创新联盟成立了"CSAE 智能网联汽车标准专家组"，专家组由来自汽车、通信、交通等领域的专家组成，主要负责该领域标准规划、技术咨询与标准审查。同时，依托中国智能网联汽车产业创新联盟下设 V2X 工作组、信息安全工作组、基础数据平台工作组、自动驾驶地图工作组以及商用车工作组，每个工作组牵头组织各自领域的技术研究与标准开发。

（二）跨界联动，推进智能网联汽车标准研制和产业化推广应用

汽车网联化技术发展离不开相关应用层标准的开发和推广应用。此前，中国智能网联汽车产业创新联盟组织汽车、通信、交通等多个相关领域的 49 家单位共同起草了国内首个 V2X 应用层标准 T/CSAE 53—2017《合作式智能运输系统车用通信系统应用层及应用数据交互标准》。为推进标准的产业化应用，中国汽车工程学会、中国智能网联汽车产业创新联盟、IMT—2020（5G）推进组、C-V2X 工作组共同组织跨通信模组、跨终端提供商和跨整车厂的"基于中国标准的多厂家 V2X 规模化应用试验验证"，这是全球首次跨 3 个领域大规模应用试验验证活动，23 家来自美国、德国、日本等全球汽车、通信及交通企业积极参与，旨在推动基于中国标准的智能网联汽车产业化发展。

三、工作成效

目前，全球智能网联汽车仍处于起步发展阶段，作为新兴交叉学科，团体标准在智能网联汽车标准体系建设中发挥着重要作用。2017 年以来，中国汽车工程学会依托智能网联汽车联盟组织起草了涉及汽车网联化、车载端信息安全、车联网数据采集等的多项标准，受到行业广泛关注。中国汽车工程学会发

布的 V2X 应用层标准，已广泛应用于支撑国家标准制定、国家智能网联汽车测试示范区建设、政府政策制定等。如《合作式智能运输系统 专用短程通信 第 3 部分：网络层和应用层规范》国家标准正在批准中，其应用层数据集规范部分的内容采用了中国汽车工程学会发布的 V2X 应用层标准；国家智能网联汽车（上海）试点示范区、在重庆建设的智能汽车集成系统试验区等，均参考该标准进行示范区相关测试能力建设；北京经济与信息化委员会、北京交通委员会和北京公安交通管理局联合印发《北京市自动驾驶车辆道路测试能力评估内容与方法（试行）》，采信该标准进行网联驾驶能力评估；工业和信息化部重大专项课题"LTE-V 无线传输技术标准化及样机研发验证"指定本标准为该项目中应用开发参考标准；通用、长安、北汽等汽车企业已将该标准应用到车辆智能驾驶测试中；大唐电信、中国移动等通信企业推动该标准在智能交通领域的应用；万集科技、北京星云互联等国内通信终端设备企业依据该标准开发完全自主知识产权的路侧、车载产品，已实现上亿产值。

团体标准助力农业机械科技创新与发展

中国农业机械学会

一、背景意义

中国农业产业模式和结构转型使得农田有集中经营的趋势，大面积的农田数量日益增多。传统的农田作业方式不仅效率低，且生产成本较高，无法适应农业现代化的发展。大面积成片农田的增加，为大型农业机械的应用提供了有利条件。农业机械作业速度不断加快，人工操作难度不断提高，为提升农业机械操作效率和安全性，需在农机控制过程中采用智能化农机导航系统。拖拉机和自走式农机自动导航是智能化水平的重要内容，也是降低人力成本和提高土地利用率的有效手段。

目前，拖拉机和农机自动导航技术在国外发展速度快，应用范围广，国外主要的农机企业都推出了自主研发的拖拉机自动导航产品。中国相关研究起步虽较晚，但近年来发展十分迅速，企业、高等院校和科研院所都开展了大量的研究工作，并在新疆、黑龙江和江苏等地进行了广泛的推广应用。

ISO/TC 23 农林拖拉机和机械技术委员会先后制定了 3 项国际标准，即 ISO 10975：2009《农业拖拉机和机械操作者控制的拖拉机和自走式机械自动导航系统安全要求》、ISO 12188 - 1：2010《农林拖拉机和机械 农业定位导航系统测试规范 第 1 部分：基于卫星定位装置的动态测试》、ISO 12188 - 2：2012《农林拖拉机和机械 农业定位导航系统测试规范 第 2 部分：基于卫星的自动导引系统测试过程中水平直线行程》国际标准，这 3 项国际标准已列入中国国家标准转化国际标准计划。

目前，国内拖拉机和自走式农机自动导航系统标准尚处于缺失的状态，农机卫星定位导航精度也无统一和规范的评估方法，使得用户在购买卫星导航接收机产品时，无法准确地判断所购买的卫星导航产品能否满足农机卫星定位导航的作业要求，是否达到农艺生产要求。因此，制定拖拉机和自走式农机自动导航团体标准，将有效满足智慧农机行业市场的需求，进一步促进自动导航技术在农机领域的技术创新与进步。

二、做法经验

利用优势资源，契合行业需求。中国农业机械学会在开展团体标准研制工作的过程中有效整合行业资源，搭建团体标准高效工作平台，有效服务于行业的市场需求。中国农业机械学会秘书处主要负责团标的立项审批、标准批准发布及标准化工作决策等方面的工作，有效发挥决策和管理职能。中国农机学会标准化分会组织开展团体标准的立项、起草、征求意见、审查、报批、批准发布、出版、复审等管理和协调工作，充分发挥分会对总会的专业支撑作用。3 个全国标准化技术委员会（全国农业机械标准化技术委员会、全国拖拉机标准化技术委员会、全国低速汽车标准化技术委员会）作为技术支撑，有效发挥专家团队的专业优势。农业装备产业技术创新战略联盟有效发挥桥梁与平台优势，促进团体标准的实施、推广及应用。通过资源互补、共享、共赢的管理运行模式，充分发挥行业平台的凝聚力和创新力，有效满足行业市场发展需求，积极构建技术创新＋市场标准体系。

三、工作成效

（一）团体标准品牌建设有效推进

中国农业机械学会自 2016 年开展团体标准工作以来，先后颁布了《中国农业机械学会团体标准管理办法》《中国农业机械学会团体标准制定程序》等管理制度。中国农业机械学会通过面向全行业标准项目的征集、审查和公示，组织制定了 83 项学会团体标准，涉及农业机械的耕作、播种、收获、排灌、饲料加工、谷物干燥及拖拉机等领域，其中 26 项标准已批准实施，并在全国团体标准信息平台发布，使之更有效和快捷地服务于行业，同时接受社会各界的监督与评价。相关团体标准的实施在有效满足行业市场发展需求的同时，扩大了学会在行业技术创新和规范化管理方面的号召力和影响力，为推动学会团体标准工作的品牌建设奠定基础。

（二）规范行业高质量发展

拖拉机和农机自动导航技术不仅应用在农药喷洒、自动施肥、田间除草、作物收获等多种农业作业中，而且在高温、潮湿、危险有害的恶劣环境中也可广泛应用。利用自动导航技术可以将劳动者从繁重的农田作业中解放出来，提高作业精度，大幅度降低重播和漏播、重喷和漏喷等问题。同时可以延长工作时间，提高拖拉机和农机作业量，提高作物产量与经济效益。

目前拖拉机和农机自动导航团体标准研制项目已完成《拖拉机 自动辅助驾驶系统 导航精度要求和试验方法》《拖拉机 自动辅助驾驶系统 通用技术条件》《拖拉机 自动辅助驾驶系统 性能试验方法》3 项团体标准的发布并在行业中得到推广与应用，为推动无人农艺和作业体系建设，推动智能制造技术向农业生产的转变，加速精准农业和智慧农业的科技创新与进步发挥了积极的规范引领作用，创造了一定的经济效益和社会效益。

打造 CSEE 标准品牌　推动标准国际化

中国电机工程学会

一、背景意义

开展团体标准试点工作，是完善国家标准体系和中国标准国际化发展的要求，也是落实中央精神、承接政府职能转移的具体举措。2015 年，按照中国科协和国家标准化管理委员会的统一部署安排，中国电机工程学会成为团体标准首批试点单位之一。

中国电力工业发展迅速并取得了世人瞩目的成就，但与国际标准化领域的话语权、影响力与技术水平、贡献不相适应。电工界国际标准化领域一个重要的特点是科技团体标准和组织在标准化领域发挥着极其重要的作用，例如，美国电气与电子工程师协会（IEEE）和美国机械工程师协会（ASME）标准是电工领域具有主导作用的标准，国际大电网会议（CIGRE）各专业委员会在标准编制中发挥着非常重要的作用。中国电力新技术标准化和标准国际化任务十分繁重，迫切需要中国电机工程学会发挥积极作用，促进技术标准的有效供给。

二、做法经验

学会坚持"质量第一、技术先进、面向需求、广泛认可、共同参与、合作共赢"6 个原则，有序推进学会标准工作。

（一）秉承公开、公正、透明原则，建立完善标准工作组织架构

广泛调研国际标准编制组织做法经验，编制发布《中国电机工程学会标准管理办法》，建立 CSEE 标准工作组织机构。加强组织领导，明确各层级职责，充分发挥组织机构中各层级的作用，加大资源保障力度。创新激励约束机制，完善项目考核机制，加大标准工作先进典型树立和宣传工作，激发学会成员参

与标准工作的积极性，不断提高标准质量。

（二）全流程管理，加强标准立项、编制和应用

实行标准编制全过程管控，通过组织召开中期检查会、合规性审查会等方式，加强标准工作进度的督促和技术内容的修正，在评审环节严把质量关，采用形式审查、出版社审查，标准专业分委会、标准工作委员会 2 轮投票，确保 CSEE 标准高质量出版发行。通过多种形式，积极拓展标准宣贯渠道，扩大标准应用范围，明确标准应用范围、场景，积极推动试点单位应用。不断提升标准应用效果与水平，指定专人整理标准日常反馈信息，形成标准编制与应用的良性反馈机制。

（三）加强国际交流合作，大力推进标准国际化

中国电机工程学会积极推动 CSEE 标准与国际标准及国外先进标准接轨，依照国际标准制定的准则进行编制，并以中英文公开发布。2016 年，中国电机工程学会以 2 项特高压团体标准作为试点，与 IEEE 标准协会合作，探索双标号标准合作模式；71 项团体标准进入 IEEE 采标范围的意向。2017 年 9 月，中国电机工程学会与 IEEE 标准协会签署《中国电机工程学会与 IEEE 标准合作备忘录》，在备忘录框架下，双方将通过共同成立标准工作组和已有标准采标等方式，推动国际标准制定的合作。

（四）充分发挥智力资源丰富优势和专家作用

在标准项目立项论证、征求意见和审查等工作中充分发挥专家作用，在遴选专家时重视专家所属不同工作领域、不同资产隶属单位、不同地区等方面的均衡匹配，同时涵盖电力系统、输电、变电、电工基础、发电和新能源等专业领域，对专家本人资历、技术专业等提出了相关要求。

三、工作成效

通过加强组织领导和创新方式方法等手段，坚持"立"好标准、"编"好标准、"用"好标准，坚持打造 CSEE 标准品牌。

（一）标准工作得到各方关注

中国电机工程学会标准立项申报工作，受到社会广泛关注。截至 2018 年，项目申请 800 多项，立项 351 项，发布 70 项，在研 281 项。涵盖电网、火电、水电、新能源、环保等多个领域，涉及发、输、变、配、用、储各个环节。

（二）成套系列标准编制全面推进

全面推进统一潮流控制器和柔性直流电网成套标准编制工作，组织制定了标准体系的构架、组织机构、工作计划，以及推进国际标准、其他学（协）会双标号工作方案。2个成套标准体系均包括基础综合、规划设计、设备材料、工程建设、运行维护等30多个项目。

（三）标准国际化取得新成绩

中国电机工程学会积极探索团体标准国际化，推动 CSEE 标准与国际标准、国外先进标准接轨。学会与 IEEE 标准协会签署《中国电机工程学会与 IEEE 标准合作备忘录》。在备忘录框架下，双方就联合开发 IEEE/CSEE 双标号标准和已有标准互认的流程协议进行沟通，就联合开发新标准、已有 CSEE 标准采纳为 IEEE 标准、已有 IEEE 标准采纳为 CSEE 标准等合作模式初步达成一致。3 项 UPFC 成套标准在 IEEE 和 CSEE 同步完成了标准立项。

（四）CSEE 标准经济、社会效益显著

制定了光伏发电、风力发电等标准，防灾减灾、抗震防震等标准，促进可再生能源的开发、消纳和利用，提升电网输送能力和抵御灾害能力，保证可靠供电，有助于提高电力安全可靠水平。加强量子通信、地理信息系统、机器人、智能传感等先进新技术在电力行业的应用，大大提高智能化、自动化水平，促进电力行业科技水平提升。推动统一潮流控制器、特高压 GIL 输电线路、数字化设计等一批先进适用技术应用，提高了电力设计、设备制造、工程建设、运维管理等各环节技术水平，降低资源消耗，带来显著的经济效益。

探索推动技术标准应用推广

中国标准化协会

一、背景意义

从 2001 年开始，中国标准化协会在国家标准化行政主管部门的关注和指导下，借鉴工业发达国家标准化先进经验和市场经济体制中标准化的普遍模式，开始制定中国标准化协会标准。2014 年 6 月，中国科协正式启动了首批试点工作，由中国标准化协会牵头，与中国汽车工程学会、中华中医药学会共同承担了社会团体标准研制试点的工作。2015 年，中国标准化协会参与了国家标准委员会开展的首批团体标准试点工作。截至 2018 年 8 月，中国标准化协会依托所属分支机构和相关全国标准化技术委员会，共制定近 200 项中国标准化协会标准，覆盖家用电器、汽车洗涤用品、滚塑制品、传统工艺、金融设备等多个领域。中国标准化协会团体标准化工作硕果累累。为了更好地开展团体标准化工作，满足会员和市场的发展要求，仍需不断完善工作机制，选择技术创新活跃与实施效果良好的领域开展团体标准化工作。

二、做法经验

（一）在产业上下游或不同领域交叉学科间共同制定标准

《农场动物福利要求》系列标准由中国标准化协会与中国农业国际合作促进会共同制定。由中国农业国际合作促进会根据产业需要提出，充分发挥 2 个协会的专业优势，结合世界农场动物福利协会、中国农业科学院北京畜牧兽医研究所及国内知名养殖企业的研发和应用经验，结合国外先进标准，制定了农场动物从养殖、运输、屠宰到加工全过程的动物福利管理要求。

中国的动物福利工作仍处于摸索阶段，得到了国内很多企业的关注与响应，但尚无适用于中国生产实际的动物福利理论指导和操作规范，已成为开展动物福利工作的一大技术阻碍。本系列标准基于国际先进的农场动物福利理念，结合中国现有的科学技术和社会经济条件，规定了农场动物福利生产及加工要求。本标准发布之后，对完善中国动物福利体系建设、打破国际贸易壁垒，提高畜禽产品质量安全、保障食品安全，提升中国畜牧企业的市场竞争力3个方面具有重要意义。

（二）注重新技术转化

中国标准化协会在标准制定中，注重对新技术的转化，用标准对产品创新予以固化和提升。由海尔集团主导的 44 项新技术转化成中国标准化协会标准。

（1）CAS 241—2015《无霜干湿分储保鲜电冰箱通用要求》针对市场上电冰箱无霜干湿分储保鲜功能，从食品的存储环境出发，对采用的无霜干湿分储保鲜技术进行统一评价规范，对食材储存有重要影响的湿度条件（干区湿度、湿区湿度等技术指标）及对影响食材营养的关键指标（失水率、吸水率、维生素 C、茶多酚等技术指标）进行规范，规定了干湿分储保鲜电冰箱的术语和定义、技术要求、试验方法和检验规则等。

（2）CAS 171—2017《防干烧家用燃气灶具》针对用户在使用家用燃气灶时忘记关火导致锅干烧、烧坏锅的问题，主要规范防干烧灶具干烧保护温度、保护器的可靠性、保护器的温度特性，规定了防干烧家用燃气灶具的术语和定义、技术要求、试验方法和检验规则。

三、工作成效

（一）获奖情况

截至 2018 年，发布的近 200 项中国标准化协会标准中，《农场动物福利要求 猪》等 3 项标准获得了由国家市场监督管理总局和国家标准化管理委员会颁发的 2018 年度中国标准创新贡献奖（中国标准化领域最高奖项）三等奖，《家用电冰箱智能水平评价技术规范》等 2 项标准列入 2018 年工业和信息化部"百项团体标准应用示范项目"。

（二）转化情况

自 2002 年 1 月 1 日起，中国政府部门规定国内汽车用空调制冷剂由 R134a 环保型制冷剂替代使用了多年的 R12（氟利昂）。R134a 化学名称为 1,1,1,2-四氟乙烷，由于其完全不破坏臭氧层，被世界上绝大多数国家认可为一种环境友好型制冷剂，广泛用于空调设备上的初装和维修过程中的再添加以及汽车用空调制冷剂。但由于当时执行的产品标准有缺陷，造成汽车用制冷剂市场鱼龙混杂，中国标准化协会汽车用品专业委员会于 2010 年发布了 CAS 187—2010《汽车售后用空调制冷剂（气雾剂型）》，参与单位覆盖国内汽车用空调制冷剂 R134a 原料的生产企业和产品的主要销售商。标准的发布为规范汽车用空调制冷剂行业健康发展、促进贸易交流做出了巨大贡献。2016 年，由全国化学标准化委员会正式立项为国家标准《汽车空调用 1,1,1,2 - 四氟乙烷（气雾罐型）》，2018 年 9 月 17 日正式发布，标准号为 GB/T 36765—2018，并于 2019 年 1 月 1 日正式实施。

（三）应用情况

2017 年 11 月 9 日，由中国标准化协会组织，海尔、美的、格力、海信等知名家电制造企业，中国家用电器研究院、美国保险商试验所、加拿大标准协会、通标标准技术服务有限公司等国内外知名技术机构，以及国内最大的家电销售电商平台京东共同起草的《家用储水式电热水器智能水平评价技术规范》《家用电冰箱智能水平评价技术规范》等 5 项团体标准正式发布，并于 11 月 24 日在"中国智能家电国际高峰论坛"上举行了标准发布会。2018 年，合肥市经济和信息化委员会推动基于中家院（北京）检测认证有限公司（中国标准化协会电器电子分会秘书处所在单位）开展的智能家电自愿性认证结果为重要依据，开展面向合肥家电制造企业的奖励补贴政策，该自愿性认证将以智能家电的国家标准和团体标准为认证依据。通过与自愿性认证的对接，中国标准化协会将会把更多的团体标准与自愿性认证相结合，充分利用团体标准的先进性和技术特性，通过认证的平台使团体标准获得更好的应用和推广。

建立 BIM 职业技能标准
构建促进就业长效机制

中国图学学会

一、背景意义

建筑信息模型（building information modeling，BIM）是以三维数字技术为基础，集成了建筑设计、建造、运维全过程各种相关信息的工程数据模型，并能对这些信息详尽表达。BIM 是一种应用于设计、建造、管理的数字化方法，BIM 技术正在推动着建筑工程设计、建造、运维管理等多方面的变革，将在 CAD 技术基础上被广泛推广应用。BIM 技术作为一种新的技能，有着越来越大的社会需求，正在成为我国就业中的新亮点。

BIM 技术在国内目前处于高速发展阶段，《2016—2020 年建筑业信息化发展纲要》中提出，增强 BIM、大数据、智能化、移动通信、云计算、物联网等信息技术集成应用能力，建成一体化行业监管和服务平台，形成一批具有较强信息技术创新能力和信息化应用达到国际先进水平的建筑企业。在国家相关政策的鼓励下，国内企业对 BIM 人才的需求也逐年增多。从减少工程返工、缩短施工周期、改善建筑品质、增强企业管理等潜在价值来看，BIM 技术是国家和社会经济发展到一定水平的必然选择，也将是中国建设发展的必由之路。BIM 职业技能人才的培养与储备是实现建筑产业化的关键要素和重要保障。目前，从事 BIM 职业的专业技术人才的数量和整体素质远远不能满足行业发展的要求，施工现场 BIM 职业技能人员普遍缺乏，技术管理复合型人才更是难寻，人才因素成了制约建筑产业化进程的瓶颈。

BIM 技能人才划分及职业能力评价标准的建立，有利于从企业的实际需求和岗位出发，使 BIM 技术体系在建筑行业的整个产业链上下游各环节实现联动，还能对学生、企业在职人员和创业者开展有针对性的 BIM 职业教育培训，帮助他们获得技能，增强工作适应能力，提高就业能力，实现素质就业，对构建促进就业的长效机制有重要作用。

但是，目前在国际标准化组织中尚未找到关于 BIM 职业技能人才的规范或国家标准，这是由于国内外的教育差异化及建筑人才技能考核方式的不同而造成。因此，BIM 职业技能标准的编制，可解决 BIM 职业技能人才培养标准化的问题，为 BIM 技术在国内有序、健康发展奠定人才基础。

二、做法经验

中国图学学会本着更好地服务社会的宗旨，从 2012 年开始，乘国内 BIM 即将蓬勃发展之势，响应国家推广 BIM 技术的号召，利用学会自身优势，适时开展了关于 BIM 技能等级培训与考评工作，为编制 BIM 职业技能标准提供了有利保证，同时也在整个 BIM 技能等级考培过程中积累了一定的实施经验。

（一）编写大纲

为了给 BIM 技能培训提供科学、规范的依据，2012 年，全国 BIM 技能等级考评工作指导委员会组织了国内有关专家，制定了《BIM 技能等级考评大纲》（以下简称《大纲》）。

《大纲》以规范、引领和提高现阶段 BIM 从业人员所需技能水平和要求为目标，在充分考虑经济发展、科技进步和产业结构变化影响的基础上，对 BIM 技能的工作范围、技能要求和知识水平做了明确规定。《大纲》的制定参照了有关技术规程的要求，既保证了《大纲》体系的规范化，又体现了以就业为导向、以就业技能为核心的特点，同时也使其具有根据科技发展进行调整的灵活性和实用性，符合培训、鉴定和就业工作的需要。

（二）举办考试及认证

在《大纲》将 BIM 技能的工作范围、技能要求和知识水平做了明确规定后，中国图学学会及国家人力资源和社会保障部教育培训中心联合举办全国 BIM 技能等级考试。

目前该职业技能考试分为 3 级，一级为 BIM 建模师，二级为 BIM 高级建模师，三级为 BIM 应用设计师。BIM 技能一级相当于 BIM 初级应用水平，不区分专业，能掌握 BIM 软件操作和基本 BIM 建模方法；二级根据设计对象的不同，分为建筑、结构、设备 3 个专业，能创建达到各专业设计要求的专业BIM 模型；三级根据应用专业的不同，分为建筑、结构、设备设计专业以及施工、造价管理专业，能进行 BIM 技术的综合应用。

举办的全国 BIM 技能等级考试与《BIM 技能等级考评大纲》紧密结合，每年举办两次，一般在 6 月和 12 月，考查学生的 BIM 技术能力、BIM 基本知识要求及应用，考生通过考试后，将收到由中国人力资源和社会保障部教育培训中心颁发的《培训证书》、中国图学学会颁发的《全国 BIM 技能等级考试证书》。

三、工作成效

经过近几年严谨的 BIM 技能培训和等级考试工作，建筑业从业人员的 BIM 技术得到了专业的提升和认证，该项目累计培训和考试人员超过 20 万人次。《全国 BIM 技能等级考试证书》已被认为是目前 BIM 领域受企业及学生非常认可的证书，很多国内项目招标文件中明确将《全国 BIM 技能等级证书》的数量和级别作为考量企业 BIM 能力的标准，充分体现了考生、用人单位和社会及相关政府部门对此技能考试的高度认可，形成了中国图学学会全国 BIM 技能考试认证的品牌效应。

制定市域铁路设计规范
完善铁道行业团体标准

中国铁道学会

一、背景意义

市域铁路是现代化城市的重要基础设施和大众化交通工具，对城市和区域发展起着支撑和带动作用，具有广阔的发展前景。东京、伦敦、巴黎、纽约等世界发达国家都市圈，均覆盖范围广泛的市域铁路交通系统，作为解决城市中心区与周边卫星城之间居民出行的主要交通方式。中国高速铁路、城际铁路、城市轨道交通均有较为成熟的技术体系支撑，但是市域铁路缺乏技术标准，建立与之配套并助推其发展的新型技术标准体系迫在眉睫。

服务国家新型城镇化建设战略，统一市域铁路建设标准，对构建国内高速铁路、城际铁路、市域铁路"三位一体"的客运专线铁路技术标准体系和现代化交通网络系统，形成与国家铁路、城市轨道交通便捷衔接的综合交通体系，服务国家新型城镇化建设战略都具有重要意义。2016 年初，作为国家团体标准首批试点学会的中国铁道学会因势利导，抓住机遇，重点围绕铁路工程综合性建设标准《市域铁路设计规范》的研制开展了一系列工作。

二、做法经验

（一）整合力量重点攻关

市域铁路建设涉及的技术面广、产业链长，基本涵盖铁道建设的整个产业链，包括总体设计、线路站场、路基、桥梁、隧道、轨道、车站建筑，以及运输组织、动车组、通信、信号、信息、防灾、电力、电牵、综合维修、暖通、给排水、环境保护等近 20 个专业领域。鉴于市域铁路既有别于国家铁路又不同于城市轨道交通的功能定位，是规范填补空白的全新技术标准领域的开创性工作，作为行业学会，中国铁道学会整合铁路力量在以下几方面重点攻关。

1. 组建了精兵强将的编制与审查团队

在铁路系统 13 家单位遴选组建了 180 余人的编制团队；在路内外专家库挑选了近 100 名专家参与规范三阶段的审查工作。

2. 强化了市域铁路科研成果支撑

汇总梳理了 13 家参编单位前期投入的近 3 000 万元市域铁路专项科研成果，在此基础上，结合编制需要，获得中国铁路总公司配套 100 万元的规范科研提供支持，此外，中国铁道学会另行筹集了 80 万元的专项费用用于编制工作。

3. 着力开展了市域铁路国内外调研工作

中国铁道学会一方面组织编制组现场考察了成都、广州、深圳、温州、上海等地 6 个代表性项目，了解掌握了国内市域铁路建设、管理、运营各方意见、现状和需求；另一方面两次邀请日本及法国铁路专家专程来华与编制组开展市域铁路中外技术交流，借鉴学习了法国巴黎都市圈与日本东京、大阪城市圈等市域通勤铁路的成功经验和先进理念。

4. 认真组织了不同渠道的规范意见征集工作

中国铁道学会召集编制组 4 次在北京、武汉召开编制工作会议，协调整合内部意见；就规范征求意见初稿发文广泛听取了社会各方意见，共收集意见 630 条；学会在北京组织召开了规范大纲、征求意见稿和送审稿 3 次规模超百人的专家审查会，听取技术专才意见。

（二）标准特点

2015 年 6 月中国铁道学会承接政府转移职能开始团体标准研制工作，历时 1 年完成了首部学会标准的研制工作，最终于 2017 年 3 月 28 日正式发布。

1. 启动时机好

一线城市纷纷出台建设规划且温州市域铁路先行先试积累了一定的工程实践基础，由于国家顶层设计尚未出台，规范的发布为此后出台的《关于促进市域（郊）铁路发展的指导意见》（发改基础〔1173〕号）的制定提供了技术支撑。

2. 研制速度快

规范编制工作历时 24 个月，完成了编制研讨会、配套规范科研、国内专项调研、中外（中日、中法）技术交流及三阶段专家审查会（工作大纲、征求意见稿、送审稿）。

3. 编制质量高

整合铁道行业技术资源优势，编制团队、专家队伍、创新成果、成稿质量不低于政府发布的铁道行业标准《城际铁路设计规范》。

三、工作成效

2017 年 4 月 1 日正式实施的铁道行业首部团体标准《市域铁路设计规范》，填补了国内空白。标准研制体现了专项科研、科学试验、国内外调研与交流对市域铁路关键技术的理论支撑，强化了自主创新。清晰梳理了市域铁路功能定位、顶层规划、运营管理、技术标准等方面内容，为国家发展和改革委员会等五部委联合制定《关于促进市域（郊）铁路发展的指导意见》国家宏观发展政策提供强有力技术支撑。

《市域铁路设计规范》自 2017 年 4 月实施后，相继在温州市域铁路、台州市域铁路、京津冀地区、上海市域铁路、宁波都市圈城际市域铁路、江苏市域铁路、郑许城际等项目应用，取得良好的效果，在全国具有一定的代表性，为市域铁路拓展起到良好的示范效应。通过市域（郊）铁路示范项目，在规划建设、装备应用、技术标准、投融资改革、运营管理 5 个关键领域全面推动国内市域铁路加快发展。

2017 年 5 月 27 日，中国铁道学会举行了"中国市域铁路发展论坛暨《市域铁路设计规范》发布仪式"，该次活动是中国第一次全面、系统地专门研讨市域铁路的高规格学术交流活动，来自法国、日本及国内市域铁路研究领域的 9 名专家聚焦中国市域铁路热点问题开展了专题报告，与 200 多名听众进行了研讨，共同庆祝中国铁道行业第一部团体标准的诞生。中央电视台、中央人民广播电台、《人民铁道》以及央广网、人民日报公众号、中国铁路公众号等众多媒体进行了专题报道。

铁道行业首部团体标准填补了中国轨道交通领域技术标准的空白，有力配合了中国新型城镇化建设战略的实施。2017 年发布实施的《市域铁路设计规范》，获 2018 年住房和城乡建设部系列（中国工程建设标准化协会实施）首次开展的"标准科技创新奖"一等奖（共 10 项，铁路系统 2 项入选）。

该规范发布实施一年多来，销售 1 万余册，中国铁道出版社实现销售利润近百万元。

中国公路学会标准研制及国际化发展

中国公路学会

一、背景意义

中国公路学会自 2015 年 6 月启动团体标准工作以来，始终把服务企业技术创新，助力企业标准开发，带动企业技术、产品及装备国际化作为重要工作内容之一；使培育、发展和推动中国优势、特色技术标准成为国际标准，把服务中国企业走出去参与国际竞争作为承接政府职能的具体举措。

港珠澳大桥是"一国两制"框架下，粤港澳三地首次合作建设的超大型跨海交通工程；是世界范围内规模最大、建设条件最复杂、技术要求最高，集桥、岛、隧于一体的跨海集群工程；是中国继三峡工程、青藏铁路、南水北调之后的又一世界级工程；也是中国由桥梁大国向桥梁强国迈进的里程碑项目，代表了当前跨海通道工程建设的最高水平。

为确保工程的顺利实施，港珠澳大桥管理局针对设计、施工、验收和运维等过程中的不同需求，组织行业内的中坚力量，编写制定了 58 项专用系列技术文件。工程实践表明，这批系列技术文件有效地指导了工程建设，为工程的顺利实施发挥了至关重要的作用，也为今后跨海集群工程的建设提供了指导依据。

二、做法经验

为了全面总结港珠澳大桥建设经验，形成较高的行业参照标准，补充完善国内现有的跨海通道建设技术标准体系，港珠澳大桥管理局与中国公路学会于 2017 年 1 月签订了合作协议，陆续将 58 项技术文件提升转化为中国公路学会标准。2017 年 7 月 28 日中国公路学会在北京组织召开了港珠澳大桥团体标准（第一批）提升转化工作启动会，经过专家技术审查把关，将第一批共 12 项技术文件精简整合为 9 项，正式列入中国公路学会标准编制计划。

港珠澳大桥工程内部技术标准提升转化是中国公路学会服务企业标准创新工作的一个开端与尝试，取得了非常好的效果，也收到了非常好的社会效益，作为成功的做法经验，今后将在其他国内重点工程上应用。

三、工作成效

已转化的这 9 项标准贯穿了港珠澳大桥工程设计、施工、验收及运营全寿命周期，为工程建设的质量控制与保证提供了依据。如《港珠澳大桥沉管隧道设计与施工指南》，详细规定了沉管隧道每个环节的实施方法和控制标准，为大桥沉管隧道顺利对接贯通起到了至关重要的指导作用。

《港珠澳大桥混凝土结构耐久性设计指南》综合考虑了跨海环境条件对桥梁混凝土结构耐久性的影响因素及质量控制要点，为参建方全面、深入了解及贯彻相关质量要求，确保主体结构 120 年的使用寿命提供了技术依据及保障作用。

此外，大桥建设期间的安全、环保及节能也备受社会关注。此次提升转化的《港珠澳大桥节能减排技术指南》《港珠澳大桥工程建设职业健康安全环境管理指南》2 项标准，对施工过程中的节能减排、职业健康安全、环境保护做了详细规定，有效指导了工程建设，对确保工程高质量完成发挥了关键性的作用。

目前，正在建设的中国第二个"桥、岛、隧"集群工程——深中通道工程已经全面借鉴、应用港珠澳大桥的建设标准。随着这 9 项团体标准的正式发布，相信国内更多类似的工程将以此为标杆，学习、研究及应用这 9 项标准，中国公路学会标准将在引领行业科技创新及中国路桥建设企业大海外战略实施过程中，发挥越来越大的作用。

稀土新材料领域团体标准
研制发布及推广应用

中国稀土学会

一、背景意义

稀土元素具有独特的电、磁、光、热等性质，广泛应用于国民经济众多领域。近年来，随着现代科学技术的蓬勃发展，稀土学科与物理、化学、冶金及材料等学科不断交叉融合，新型稀土产品及应用不断出现，目前现有的稀土相关标准已难以完全满足我国稀土行业快速发展的需求。

为贯彻落实国务院《深化标准化工作改革方案》以及相关部委《关于培育和发展团体标准的指导意见》，满足市场和创新的需求，中国稀土学会从 2015 年起着手开展稀土领域团体标准的制定与发布工作。

中关村材料试验技术联盟（简称 CSTM）成立于 2016 年，是从事材料领域试验技术研究及制定相关团体标准的全国性社团组织。2018 年，中国稀土学会与中国稀土行业协会联合，共同在 CSTM 框架下开展稀土领域团体标准工作，承担稀土领域团体标准的组织制定、实施及评价工作。

由此，中国稀土学会在自身积极开展团体工作的基础上，联合了行业协会、联盟等多个组织，集聚各方力量，初步形成了协同推进稀土领域团体标准工作的良好局面。

二、做法经验

（1）以需求为牵引，主动面向市场迫切需求的稀土应用领域，开展相关团体标准的制定、发布及推广工作。2017—2018 年，学会先后组织制定并发布《钇铜合金》《钐镁合金》《镧铈铁合金》《铒镁合金》《核屏蔽保温材料锆酸钇》《PVC 用稀土环保热稳定剂》以及《聚丙烯用稀土类 β 晶型改性剂》等多项团体标准。同时，联合中国稀土行业协会，共同制定并发布了《盖板玻璃抛光用稀土抛光粉》《稀土产品成分分析质量控制技术规范——第 1 部分·总则》《稀土产品成分分析质量控制技术规范——第 1 部分·单一稀土金属及其氧化物成分分析》《钸及富钸烧结永磁体》《电容型镍氢动力电池用丰度稀土合金》《钸磁体用钸镨钕金属》《AZ91RE 压铸镁合金》《永磁体表面磁场分布检测》《永磁体磁化取向的检测》《稀土永磁材料失重检测方法》《金属氢化物——镍电池负极用稀土系无钴 AB5 型贮氢合金粉》等团体标准。

（2）依托稀土行业内重点高等院校、研究院所及企业的专家学者，有效推动稀土领域团体标准工作的开展。中国稀土学会在制定团体标准的工作过程中，充分发挥学会专家荟萃的优势；与中国稀土行业协会联合召开了"稀土行业团体标准推进大会"，共同成立了 CSTM 稀土领域专家委员会，专家委员会中包括了来自北京大学、中国科学院物理所、钢铁研究总院、有研科技集团等我国稀土领域著名研究单位的院士专家，有效地支撑了团标的顺利制定与实施。

（3）在团体标准的制定、发布及推广过程中，不断完善相关规章制度，进一步改进工作流程，积极推进团体标准工作的标准化。在 CSTM 框架下，中国稀土学会与中国稀土行业协会共同制定了《CSTM 稀土领域团体标准专家委员会工作条例》《CSTM 稀土领域团体标准专家委员会秘书处工作条例》等，进一步推进了团体标准制定工作的制度化和标准化。

三、工作成效

中国稀土学会与中国稀土行业协会共同开展了团体标准的制定工作。截至 2018 年，他们共同组织制定了近 20 项稀土团体标准。

中国稀土学会组织制定的《镧钸铁合金》团体标准进一步规范了中间合金企业生产，增强我国稀土钢在高端应用领域的话语权，填补了标准空白。《铒镁合金》团体标准，有效推动了高强度耐热稀土镁合金的发展。《核屏蔽保温材料锆酸钆》团体标准的制定与实施，有助于打破国外在相关核屏蔽保温材料方面的垄断，更好地利用我国丰富的稀土资源，推动我国核能产业走向世界。《PVC 用稀土环保热稳定剂》以及《聚丙烯用稀土类 β 晶型改性剂》团体标准的制定填补了我国稀土助剂领域标准的空白，对于引导我国企业提高稀土助剂的质量水平，规范稀土助剂产品的生产、应用具有重要的意义。

中国稀土行业协会牵头组织制定的《盖板玻璃抛光用稀土抛光粉》标准制定过程广泛邀请终端用户参与，推动了产业链上中下游间的协调发展。数据显示，2017 年稀土抛光行业产值增长 30％左右。

目前，中国稀土学会团体标准（T/CSRE）与中国稀土行业协会团体标准（T/ACREI）已整合为两会统一的团体编号 T/CSEOS，初步形成了稀土领域内知名团体标准品牌。

团体标准引领中药产业高质量发展

中华中医药学会

一、背景意义

新时期经济产业结构调整对中药产业提出了提质增效的要求，推动了中药产业高质量发展，可以有效解决中药产业发展速度降低、科技创新动能不足、产品竞争力不强等问题，从而增强中药产业的创新力和竞争力。这个大背景对标准的供给有非常明显的需求，团体标准以需求为导向，具有快速响应市场需求等特点，与需求非常吻合。

国外团体标准的标准化管理模式，一般包括标准制定、标准采用、合格评定3个要素。

国外团体标准的优势是反映市场需求快。以美国为例，以非政府标准化组织制定的自愿性标准为主，推行的是民间标准优先，鼓励政府部门参与民间团体的标准化活动，形成了相互竞争的多元化标准体系。

受国家中医药管理局政策法规与监督司委托，中华中医药学会承担了新时代中药产业高质量发展研究课题。

二、做法经验

（一）建立全方位服务和全过程管理的工作机制

作为标准的组织、服务、管理和发布机构，中华中医药学会建立了从提案、立项、编制、审查、宣贯、复审的全流程工作机制。

（二）建立标准的评价机制和宣贯模式

标准的质量决定了标准的应用，体现了标准的价值。中华中医药学会对发布的标准在国家标准化管理委员会的团体标准网站注册，鼓励所有的标准参加中国标准规划研究院的良好行为评价，对实施2年的标准，鼓励参与国家标准化管理委员会的标准贡献奖及各级机构和单位组织的相关评比。同时确定了"一标一产品"的工作思路,把每一个标准作为一个产品,强调采标用户的产品体验。

(三)树立学会团体标准品牌,为可持续发展提供动力

以敬畏之心,做标准之事;用工匠精神,做标准产品。中华中医药学会在试点工作经验基础上,坚持"市场主导、政府引导、多方参与、立足需求,注重应用"的原则,以建立健全中医药标准体系为目标,进一步加强组织建设,为团体标准工作提供保障;进一步加强平台建设,建立政用产学研协同的标准平台;进一步加强体系建设,构建合理的中医临床和中药产业的团体标准体系,力争构建全行业、全社会广泛参与、共同推进的中医药团体标准的良好氛围。

技术标准改革是政府转移职能的重要工作之一。改革不是一蹴而就的事情,需要不断发现问题、解决问题,找到一条适应趋势和顺应潮流的路,形成螺旋式上升。试点工作的开展表明,中医药团体标准对于中医药的传承与创新、中医药的现代化与国际化、中医药担负健康中国战略的责任,一定能起到保障和引领的作用。

三、工作成效

(一)立项、发布的团体标准数量

截至 2018 年,中华中医药学会共发布团体标准 64 项、立项团体标准 105 项。标准涵盖临床、药学、流行病学、方法学、经济学、管理学等领域学科,制标团队多学科结合、多层次覆盖、多地域分布,为标准的制定和修订工作提供了科学支撑与权威保障。

(二)建立了中华中医药学会团体标准品牌

1. 临床领域

2006—2015 年,国家中医药管理局委托中华中医药学会发布了 503 项行业组织标准,现已全部列入团体标准管理。

2. 中药领域

形成了道地药材、中药材商品规格等级、扶贫产业园等系列标准,为中药产业发展提供指导与技术引领,助力中药行业建设,以国家贫困县为核心,开

展推广示范、助力扶贫工作。

3. 打造团体标准工具

制定并不断完善团体标准工作管理制度。为保证中医药团体标准工作公开、公平、公正，程序规范、严谨、高效，中华中医药学会制定了包括专家管理、立项管理、编制技术规范、审查管理、推广宣贯等 10 项标准制度，涵盖了从提案、立项、编制、审查、宣贯、复审的全流程，使得标准制定、审查、实施等各环节有章可依。

4. 研究团体标准体系

开展临床各科技术标准体系建设，第一步厘清现状，对中华中医药学会发布的 529 项、修订中的 100 余项、新制定的 300 余项标准和指南进行分类整理和分级评价；第二步搭好框架，根据临床各科的现状，明确哪些标准需要制定、哪些需要修订、哪些需要废止。

5. 开展团体标准培训

将团体标准培训贯穿至标准研制全过程，从标准管理者、标准审查专家培训到标准编制专家的培训，使团体标准的研制工作更高效、高质、有序开展。

6. 发表团体标准文章

联合标准编制专家发表中成药临床应用专家共识、中医临床实践指南、中药产业相关团体标准发展等系列文章，为各类团体标准的研制提供方法学建议，并为团体标准的推广提供思路。

（三）全国范围内开展团体标准的培训和推广工作

学会面向科研机构、高等院校、临床医院、中药企业及相关单位征集和遴选"标准观察员"，参与标准的宣贯、评价、推广、应用等工作，确保团体标准的科学性、实用性和有效性，让标准进一步贴近一线、切合实际。

组建标准宣贯团。加强标准实施应用，切实做到"标准从临床中来，到临床中去，接受临床检验，发挥标准价值"。学会建立标准宣贯团机制，在标准发布之后，各标准发起单位、主要起草人及相关专家自动成立"标准宣贯专家团"，共同参与团体标准的宣贯和培训。标准宣贯团主要负责制定标准宣贯工作规划，及时开展不同类型、不同层次的标准化知识与技术培训，切实推进标准实施，收集标准应用信息，并撰写标准工作报告。

针灸团体标准的研制及推广应用

中国针灸学会

一、背景意义

临床实践指南是指导临床工作的重要规范性文件。在目前针灸临床工作中，由于缺乏针对疾病的规范性指导文件，导致临床中针灸治疗疾病的取穴、刺激方法多种多样，针灸治疗的适用人群以及针灸的疗效优势并不清晰，严重影响了针灸的疗效，也限制了针灸在更广泛的范围内被推广和使用。

2008 年，在世界卫生组织西太平洋区的资助下，由中国中医科学院牵头，中国针灸学会标准化工作委员会组织完成了针灸治疗带状疱疹、贝尔面瘫、抑郁症、中风后假性延髓性麻痹和偏头痛 5 个疾病的临床实践指南。2009—2013年，在国家中医药管理局立项支持下，中国针灸学会标准化工作委员会先后分3 批启动了 15 个病症的指南研制工作。2014 年，《循证针灸临床实践指南》系列标准（20 个部分）正式发布并出版。《针灸治疗病症的临床实践指南》获得2016 年度中国针灸学会科学技术奖一等奖。其中，针灸治疗带状疱疹、抑郁症、贝尔面瘫 4 个疾病的临床实践指南发表在国际 SCI/SCIE 期刊上，这也是国际上首次开展针灸治疗病症的临床实践指南研制工作。

二、做法经验

（一）明确定位，统筹规划，分工合作

1. 明确定位和思路

在《循证针灸临床实践指南》项目启动之初，中国针灸学会标准化工作委员会经过多次反复论证和讨论，充分认识到研制《循证针灸临床实践指南》的重要意义。该系列标准定位在遵循循证医学的理念与方法，紧紧围绕针灸临床的特色优势，并将临床研究证据与国内针灸专家共识相结合，旨在制定出科学

性与实用性的可有效指导针灸临床实践的指导性文件。这一定位为后来顺利开展针灸临床实践指南项目的研制提供了明确的思路。

2. 统筹规划

中国针灸学会标准化工作委员会分 3 批启动了《循证针灸临床实践指南》项目。在项目启动之初，属于方法学摸索阶段，项目组借鉴国外临床实践指南制定的程序和方法，明确了《循证针灸临床实践指南》的编写体例、研制模式和技术路线。在方法学相对成熟的基础上，及时跟进国外 GRADE 证据质量评估、推荐意见形成的方法，将针灸临床实践指南的制定方法进一步完善。此后，在北京举办了 2 期 GRADE 方法学培训班，全国 11 家单位的 100 多位学员接受了培训。组织了 15 个疾病临床指南制定课题组和 1 个方法学课题组中的 17 名核心研究人员，专门赴四川大学循证医学中心接受了为期 3 个月的方法学专题培训，为后期顺利开展各指南的研制提供了人才储备，也为各指南制定课题组顺利开展工作创造了条件，使得 20 个病症的循证针灸临床实践指南得以高质量完成。

3. 分工合作

为了保证《循证针灸临床实践指南》项目的顺利进行，中国针灸学会进行了顶层设计，组织不同的专家团队，互相配合，分工合作，顺利完成了指南的制定工作。

①由中国针灸学会标准化工作委员会秘书处负责统筹、协调 20 个指南的启动、组织和审核工作；②由中国针灸学会标准化工作委员会的委员负责对各指南的专业内容进行审核和评估，部分委员直接参与到各指南课题组中，参与了指南制定的具体工作；③由循证医学和临床流行病学专家对指南制定的方法进行指导，培训各指南制定课题组人员，保障了指南制定过程的科学性和严谨性；④指南课题组由各指南申报单位组成，负责具体某个病种的指南制定工作；⑤在指南的完成阶段，项目组聘请了专业的编辑人员，负责对指南的体例和文字进行审核，保证了指南撰写的严谨性和规范性。以上 5 个方面的人员和专家，分工合作，分别从组织协调、针灸学、方法学、文字表达等方面保证了《循证针灸临床实践指南》高质量完成。

（二）以学术促标准，以标准促进学科发展

《循证针灸临床实践指南》的制定方法，借鉴了世界卫生组织等推荐的 GRADE 系统，即推荐分级的评价、制定与评估系统。这是国内外首次将该系统应用于传统医药临床实践指南的尝试。在指南制定的过程中，项目组人员学习并深刻领会了该系统的使用方法，并与国外相关领域内的专家进行了深入探讨，发表了一系列指南制定方法学术文章，引起了国内外循证与临床流行病学专家的关注，提升了中国针灸人员循证和流行病学学术水平，保证了指南制定方法的科学性和严谨性。

此外，《循证针灸临床实践指南》的制定，紧紧围绕针灸临床的特色优势，明确提出了针灸治疗不同疾病的作用优势以及治疗原则，填补了目前针灸教材的不足。该项目凝聚了全国针灸临床和科研人员的智慧结晶，集中体现了目前国内针灸临床领域的最高水平，是对针灸临床应用的全面总结和思考。通过《循证针灸临床实践指南》项目，课题组人员逐渐明确了针灸临床研究的不足和发展趋势，有力地促进了针灸学科的发展。

三、工作成效

2017—2018 年，中国针灸学会标准化工作委员会联合各级地方学会及单位，分别在北京和南宁组织了 5 场针灸治疗优势病症的临床实践指南解读培训会，共培训临床针灸医生达 700 人次。中国针灸学会标准化工作委员会与北京市针灸学会合作，借助北京市名老中医专家经验继承项目，将针灸标准与中医个体化的经验相结合，已经连续 4 年举办了"针灸治疗病症临床实践指南解读及名老专家经验介绍培训会"，受到北京地区基层中医针灸医生的广泛好评，也获得了北京市中医药管理局的认可和肯定，已经成为北京针灸学会的品牌。通过以上活动，提高了针灸医生的临床技能，提高了学会的知名度，获得了较好的社会效益。

建设中国特色肿瘤诊治标准体系

中国抗癌协会

一、背景意义

癌症是一类非常复杂的疾病，其发病机理还未完全被揭示。每种癌症的生物特性都不同，即使是同一种癌症发生在不同的人身上，生物学特性也不一样，因此，必须由内、外、生物治疗等各专业医生共同诊断，制订最佳的综合治疗方案。肿瘤综合治疗的规范化，不仅可以降低治疗成本，提高医务人员的综合治疗水平，还可以提高病人的愈后生存率。一般来说，这些治疗原则是通过国内外多年的临床研究得出的公认的结论，遵循这些原则，肿瘤患者就能从目前治疗手段中最大限度地获益。目前常见的陋习是各科医师接待病人就首选自己熟悉的治疗方法，待失败后再转其他学科或医院，从而失去了治疗的最佳时机，这对病人是极为不利的。由于肿瘤的治愈率在世界范围内仍不理想，肿瘤防治的各种新理念、新方法、新技术层出不穷，肿瘤专业知识更新很快。究竟如何规范临床上对癌症的诊疗路径，出台规范化诊疗标准迫在眉睫。

为落实深化医药卫生体制改革要求和国家卫生计划生育委员会、国家发展和改革委员会等 16 部门联合印发的《中国癌症防治三年行动计划（2015—2017 年）》，进一步提高肿瘤诊疗规范化水平，保障肿瘤诊疗质量与安全，维护人民群众健康权益，中国抗癌协会开展了癌症诊疗指南编写发布工作。

美国国立综合癌症网络（national comprehensive cancer network）成立于1995 年，每年都会根据最新的实验数据发布对不同癌症的标准治疗规范指南，得到了全球临床医师的认可和遵循。国际抗癌联盟（UICC）、国际老年肿瘤学会（SIOG）、国际儿科肿瘤学学会（SIOP）、美国国立癌症研究所（NCI）、欧洲肿瘤学会（ESMO）、欧洲肿瘤内科学会（ESMO）等组织也定期发布相关领域肿瘤诊治指南，在世界范围内具有一定的影响力。但由于世界不同地区和国家人种的基因谱系不同，以及生存环境、患癌因素不同，各国的癌症学术组织一般都会立足本国国情，制定符合本国特色的癌症诊疗标准，以便提高本国癌症诊疗规范化程度。

二、做法经验

伴随国家《标准化法》的修订发布，团体标准的重要性受到政府、社会、行业、企业的高度重视，社会组织加强各自行业的团体标准制定，成为其提供公共服务产品、实现社会价值的重要手段。中国抗癌协会作为中国肿瘤学领域最重要的国家一级协会，30 余年来在肿瘤诊疗规范指南的编写发布工作中积累了丰富经验。

（一）依托专业委员会，建立指南发布制度

目前，协会拥有 64 个专业委员会，涵盖基础与临床，包括临床内科、外科、放疗、介入、营养、心理、护理、流行病学等多学科专家团队，每隔 1～2 年，多数专业委员会会发布更新本专业的诊疗规范指南，指导肿瘤领域的临床实践。

（二）搭建"会议—期刊—继教"三位一体的推广模式，实现临床推广应用

借助"中国肿瘤学大会（CCO）"等中国抗癌协会的品牌学术会议，以及各个专业委员会的学术年会，对诊疗规范指南进行学术交流和推广；利用中国抗癌协会主管主办的 26 种系列期刊，及时刊登发布最新的诊疗指南；在全国范围内每年组织近百项继续医学教育项目，扎根基层，开展临床规范化诊治技术培训，对提升国内肿瘤规范化诊疗水平发挥了巨大的作用。

三、工作成效

组织编写诊治规范、指南 70 余种。中国抗癌协会肿瘤病理、肿瘤心理学、胃癌、淋巴瘤等专委会受国家卫生和计划生育委员会委托，组织编写相关领域的肿瘤诊疗标准和规范。浙江、江苏、陕西、青海、新疆等省级抗癌协会受地方政府委托，开展癌痛诊治规范的推广应用，并承接"癌痛规范化诊疗示范病房"的创建、验收和评审。

利用 2018 年中国肿瘤学大会（CCO）、中国乳腺癌学术会议、中国肺癌学术会议等品牌学术会议，开展 60 余场肿瘤诊治指南的发布和宣讲活动。

在系列期刊上发表诊治指南、共识、规范 100 余篇，极大促进了肿瘤标准的学术交流和普及。

组织实施肿瘤规范化推广全国继续教育项目 20 余项，在各地举办 110 余场巡回讲座，培训 18 000 余名医务工作者。针对国内住院肿瘤患者中重度营养不良发生率高达 57% 的现状，中国抗癌协会组建国内第一个肿瘤营养领域的专业委员会，由创始人石汉平教授牵头，编写肿瘤营养标准，并成功纳入国家标准。同时，专委会创办了全国规范化肿瘤营养培训项目——肿瘤营养疗法，CNT 课程已经在全国举办 60 场，培训医务人员万余名，受到广大医务工作者、中国抗癌协会及社会各界的高度评价和一致好评，极大提升癌症患者营养干预的规范化程度，达到提高患者生活质量、延长生存时间的目标。

组织出版指南图书。继 1989 年协会编辑出版第一部《常见恶性肿瘤诊治规范》、2002 年修订再版《新编常见恶性肿瘤诊治规范》（12 分册）、2015 年出版《中国常见癌症诊疗系列丛书》后，目前正在组稿编写《中国抗癌协会癌症诊疗规范指南》，由 60 余个专业委员会、1 000 余位专家参与编写，该书将于 2019 年出版。

科技奖励

设立国际科技大奖　引领亚洲力学发展

中国力学学会

一、背景意义

当今国际力学界已经形成一批运作比较成熟的科技奖励品牌，如美国机械工程师学会设立的 Timoshenko 奖、Warner T. Koiter 奖和 Daniel C. Drucker 奖，国际理论与应用力学联盟设立的 George K. Batchelor 流体力学奖和 Rodney Hill 固体力学奖，这些奖项在全球范围内征集提名候选人，通过设立具有较高学术权威的奖励委员会/提名委员会来进行奖项的评选，奖项周期从一年到四年不等，主要有以下特点：

（1）奖励提名面向整个学术界，国际化特质明显。

（2）奖励评选以被提名人的学术成就为主要依据。

（3）奖励提名都不接受自荐。

（4）奖励委员会/提名委员会具有高度权威性，人员少、权力大，对获奖人选有最终决定权。

（5）奖励方式以一定数量的奖金为主，一般会要求获奖人在相关学术会议上做学术报告或在主办期刊上发表论文。

（6）设奖机构和团体都有较高国际化运作水平。

中国力学学会把设立有国际影响力的科技奖项作为完善和优化学会奖励体系的重要举措，是实现学会向国际一流科技社团迈进的重点工作之一。依托北京国际力学中心平台建设工作，中国力学学会正在积极筹备设立亚洲力学奖，以增强中国力学在亚洲区域的学术引领力。2018 年，中国科协组织开展服务国家社会治理品牌建设项目，通过设立科技奖励国际化建设子项目，重点支持学会设立国际化的科技奖励，探索国际化的提名规则、评审流程、评审专家、宣传推广等，打造具有国际影响力的学会奖励品牌。中国力学学会依托北京国际力学中心建设中已经开展的特色工作，以设立亚洲力学奖为工作目标，组织项目申报并获得立项资格，现就此项工作的经验和取得的阶段性成果总结如下。

二、做法经验

（一）学会奖励体系建设工作的持续开展为打造与国际接轨的科技奖项品牌奠定了良好基础

中国力学学会在构建学会奖励体系方面开展了大量基础性工作，有效整合了已有奖项，建立了较为完善的科技奖励体系。中国力学奖包含成就奖（钱学森力学奖、周培源力学奖）、科学技术奖（自然科学奖、科技进步奖、科普教育奖）和人才奖（青年科技奖、优秀博士学位论文奖）三个子奖项，专项奖由各分支机构设立。其中，2015 年首次设立的钱学森力学奖和 2017 年首次设立的力学优秀博士学位论文奖都是开创性工作。这些工作为学会在设立科技奖励和组织评审方面积累了十分宝贵的经验，也形成了一批较为稳定、可靠和权威的评审专家团队，如设立理事长秘书长负责制的中国力学奖评审委员会等。

（二）依托学会构建的北京国际力学中心，能够充分利用国际科技资源，聘请国际上有学术号召力的科学家担任奖项评审委员会委员，保证设立科技奖励具有较高的国际影响力

北京国际力学中心是中国力学学会自主构建的国际学术交流平台，在 2010 年顺利加入国际理论与应用力学联盟（IUTAM）组织体系，成为 IU-TAM 在全球设立的两个国际力学中心之一，已经打造出"亚太青年联谊会""北京国际力学中心国际暑期学校""力学大师讲座计划"等品牌活动，在国际力学界已有一定影响力。北京国际力学中心设立的科学委员会成员包括 IU-TAM 前任秘书长 Dick van Campen 教授和 Frederic Dias 教授，曾担任 IU-TAM 执委的 Narinder K. Gupta 教授和 Tsutomu Kambe 教授，以及国际科学联盟亚太地区办事处主任 Mohd Nordin Hasan 教授等在国际学术界有重要影响力的科学家，筹建中的亚洲力学奖将委托北京国际力学中心科学委员会作为奖项的最终遴选机构，担负起奖项的评审工作。因此，依托北京国际力学中心设立亚洲力学奖，能够充分利用学会现有的国际一流专家资源，增强对亚太地区一流学者的吸引力，培养青年力学人才，担当亚太地区力学大国的责任，进而提升中国力学学会以及中国力学在国际上的影响力和话语权。

三、工作成效

　　目前全国学会设立国际性科技奖项的情况为数不多，而在国外特别是在美国，这种情况则非常多见。筹建中的亚洲力学奖旨在表彰在力学领域取得突出成果的亚洲力学工作者，设立该奖项对提升中国力学在国际上的影响力以及巩固中国力学在亚洲中心的地位具有重要作用，填补了中国力学学会奖励体系中缺少国际性大奖的空白。近一年来，项目组对标国际上运作成熟、影响力大的科技奖，依托中国力学学会理事会和北京国际力学中心科学委员会，调研了当前国际力学界设立的代表性奖项的遴选机制和评选流程，通过举办专家座谈会，总结国际科技奖励的运作模式，探索国际化的提名规则和评审流程，中国力学学会办奖水平得到有效提升，完成了亚洲力学奖章程的起草，并确定了2019年首届奖项的征集和评审流程及时间节点。

走向国际的"贝时璋"奖

中国生物物理学会

一、背景意义

为纪念贝时璋院士创建中国生物物理学会，促进我国生物物理学科的发展，中国生物物理学会于 2009 年设立了"贝时璋奖"和"贝时璋青年生物物理学家奖"，并于 2013 年在"贝时璋奖"中增设了"贝时璋国际奖"。作为中国颁发的生物物理研究领域的最高荣誉奖，贝时璋奖是奖励对生物物理学做出重大贡献的科技工作者。奖项分为"贝时璋杰出贡献奖"和"贝时璋国际奖"，贝时璋杰出贡献奖主要奖励对中国生物物理学做出重大贡献的中国生物物理学会会员；贝时璋国际奖将颁发给在生物物理领域成就突出的国际知名科学家。贝时璋青年生物物理学家奖旨在鼓励 35 岁以下的中国生物物理学会会员勇攀科学高峰，造就一批进入世界科技前沿的青年学术带头人。

二、做法经验

（1）贝时璋奖自设立之初，即制定了完善的《"贝时璋奖"章程》和《"贝时璋奖"奖励条例和实施细则》。

（2）设立奖项领导工作委员会，由学会常务理事会担任。

（3）由学会常务理事会推荐设立了近半数委员为中国科学院院士的奖项推荐和评审委员会，负责候选人的遴选和评审。

（4）根据章程规定：奖项不受理本人申请，由奖项推荐委员会推荐候选人，提交评审委员会审议投票，并提交学会常务理事会审议。

（5）评选过程中的推荐人和推荐内容、初审和初审内容、复审和复审内容、终审和终审内容，均属于保密范围。

严谨的评审流程和权威的推荐及评审团队，为奖项的公信力提供了充分保证。历届奖项获得者均得到生物物理学领域科技工作者的认可和高度评价。

三、工作成效

2013 年，经学会常务理事会审议通过，在"贝时璋奖"中增设了"贝时璋国际奖"，颁发给在生物物理领域成就突出的国际知名科学家。旨在通过奖项的设立，提升我国在国际科技界的影响力和话语权。2013 年，贝时璋奖颁发给了对中国生物物理学发展贡献极大的 David Stuart 教授（英国牛津大学）；2015 年，日本东京工业大学的大隅良典教授（Yoshinori Ohsumi）获得了贝时璋国际奖，他于 2016 年获得了诺贝尔生理学或医学奖；2017 年贝时璋国际奖的获得者陈列平教授（美国耶鲁大学）成为 2018 年诺贝尔生理学或医学奖的热门候选人。2018 年，我们将贝时璋国际奖颁发给了美国科学院院士 Helen H. Hobbs 教授。

目前，相关国家组织尚未建立同一领域的相似奖项。随着近年来越来越多科学大咖对贝时璋国际奖的认可和接受，贝时璋国际奖的国际知名度逐步提升，为进一步提高中国的学术影响力、国际话语权打下基础，中国生物物理学会的国际知名度和影响力也大幅提升。

实验动物国际青年奖
引领行业科技创新

中国实验动物学会

一、背景意义

实验动物学是一门新兴交叉学科，它集成了生物学、兽医学、生物工程、医学、药学、生物医学工程等学科的理论和方法，以实验动物和动物实验技术为研究对象，产生实验动物资源、动物模型资源、动物实验技术、生物信息和动物实验设备等，为生命科学、医学、药学、食品、农业、环境、航空航天等相关学科发展提供系统性生物学材料和相关技术。中国实验动物学会（以下简称 CALAS）作为国际实验动物科学理事会（以下简称 ICLAS）的 6 个理事成员之一，负责国际实验动物科技人才培训部工作。实验动物学科的发展需要培养更多的青年科技工作者，让他们在该领域为学科的发展做出更大的贡献，为了让更多优秀青年人投身于实验动物学科的研究，提供一个自我展示的平台和交流的平台，也为青年科技工作者提供与同行分享成功、互相学习、促进交流的机会。CALAS发起并承担设立"ICLAS-CALAS 国际青年奖"。此奖于 2018 年 10 月举办的"第 14 届中国实验动物科学年会"上首次授予国际上 10 名青年科技工作者。

ICLAS 是国际上最大的实验动物科学组织。本奖项是该组织首次设立奖励青年学者的唯一奖项。

奖项的设立与颁发，可以让国际同行了解国内外实验动物科学的发展状况，提高中国在国际上的影响力和号召力，成为增强国际话语权和与国际交流的重要手段。推动中国实验动物学科作为重要基础学科被国际认可，成为国际关注热点。中国实验动物学会也可以借此奖项提高国际地位和影响力，让国际同行更深入地了解中国实验动物领域以及国际实验动物科学的发展状况。

在国际实验动物科学领域中，CALAS是第一个也是唯一一个国家级学会与ICLAS合作设立的奖项，充分表明了ICLAS对于CALAS在国际实验动物科学领域贡献的肯定和地位，确信CALAS有能力承办"ICLAS-CALAS国际青年奖"。

二、做法经验

（一）奖项的设立得到ICLAS等大多数国家和青年人的响应

"ICLAS-CALAS国际青年奖"得到了ICLAS大多数成员的支持和青年人的响应。CALAS虽然是首次承办该奖项，但CALAS有多年丰富的评奖经验和成熟的规章流程，无论从报名通知到最终颁奖都有详细的操作流程。

（二）参照国际奖的评审流程与规范

"ICLAS-CALAS国际青年奖"参照了国际上主流的评奖流程，规范了中国实验动物学会科学技术奖奖励办法实施细则，该细则适用于"ICLAS-CALAS国际青年奖"的推荐、评审、授奖等各项活动。

（三）简要流程

1. 推荐和申报

（1）推荐：单位推荐和个人推荐。

（2）申报要求：①年龄35周岁以下（包括35岁）；②反映申报项目核心科技内容的论文必须在国内/外核心期刊上发表或学术专著出版一年以上。

2. 评审

（1）奖项采取邮件评审的方式，实行初审、终审的方式。

（2）评审人员均来自ICLAS成员专家以及中国实验动物学会专家。

三、工作成效

"ICLAS-CALAS国际青年奖"于2018年10月11日在青岛首次颁发完成。10名获奖者分别来自中国内地、中国香港、巴西、阿根廷、印度、英国等国家和地区。ICLAS主席Patri亲自到场并颁奖，Patri主席对该奖项的设立和审批过程表示肯定，表示ICLAS会继续支持"ICLAS-CALAS国际青年奖"。到场嘉宾还有来自印度、日本、澳大利亚、菲律宾等国家和地区的实验动物领域的知名专家和学会主席，他们对此奖项也表示高度认可，希望中国实验动物学会可以以此奖项作为长期项目支持实验动物领域的青年人才。相信中国实验动物学会的"ICLAS-CALAS 国际青年奖"将会成为在世界实验动物科学领域创新的引领者。

借鉴国际科技奖励体系
推动奖励国际化

中国电机工程学会

一、背景意义

中国电机工程学会在电机工程奖励工作方面具有良好的传统和丰富的经验，建立了完善的奖励工作机制和高水平的工作团队。1978年，电力行业设立了电力科技成果奖，随着国家科技奖励制度的不断完善逐渐形成了一套完整的奖励工作体系。2001年3月，经国家科学技术奖励工作办公室批准，中国电力科学技术奖获准设立，成为国家科技奖励工作改革后首批批准的26个社会力量设奖奖项之一。为鼓励中国电力领域内的科学技术研究和工程实践，中国电力科学技术奖设奖单位于2015年共同设立了"中国电力科技人物奖"，包括"中国电力科学技术杰出贡献奖""中国电力优秀科技工作者奖"和"中国电力优秀青年科技人才奖"三个子奖项。

为探索面向国际的科技奖励方式，打造具有国际影响力的学会奖励品牌，表彰在电机工程相关领域取得杰出成就的专业人士，同时为了纪念中国电机工程学会创始人之一、在电机和现代控制理论等领域做出了突出贡献的顾毓琇先生，中国电机工程学会和电气电子工程师学会电力与能源分会（IEEE PES）于2010年联合设立了"顾毓琇电机工程奖"。两家学会共同制定了《顾毓琇电机工程奖奖励条例》和提名书，明确了奖励宗旨、组织管理、提名资格、奖励方式、奖励周期、奖励基金、提名申请、遴选程序、颁奖、宣传等事项。两家学会共同成立了国际遴选委员会，由两家学会数量相等的成员，按照国际惯例组织候选人遴选。该奖项每年评选一次，奖励一人，迄今评选了9届，评选出9位获奖人。

二、做法经验

（一）明确以人为本的奖励定位

为突出杰出科技人员的角色地位，借鉴国际奖励科技人员的方式，顾毓琇电机工程奖与国内更为普遍的"以项目带动对人的奖励"不同，是授予专家个人的奖项。奖项的提名由国内外业内专家以个人名义推荐，而不是采用单位推荐，做到了提名人与候选人的"背靠背"。

（二）与国际组织联合设奖

通过与国际组织联合设奖，借鉴吸收国际成熟的奖励运行机制和管理经验，充分利用双方的平台，有效提升奖项的国际知名度和影响力，实现共赢。

（三）提高奖励评审效率

借鉴国外普遍采用的一级评审制模式，采取有效的方法提高奖励评审效率。顾毓琇电机工程奖由中美两家学会共同成立了国际遴选委员会，双方各推荐 3 位评审委员，采用国际标准对候选人进行评估和遴选。奖项遴选是由 6 人组成的国际遴选委员会独立完成，充分体现了业界的认可度。

（四）增加奖励含金量

通过一年奖励一次、一次奖励一人的奖励周期和数量限制，坚持"少而精"的奖励原则，体现顾毓琇电机工程奖难以获得的"珍稀性"和良好品质。顾毓琇电机工程奖已经逐步成为中国电力领域的终身成就奖。

（五）加大奖励宣传力度

发挥顾毓琇电机工程奖作为一种学术荣誉的实质作用，通过隆重的颁奖活动、媒体报道、获奖人自动成为中国电机工程学会会士等多种方式宣传获奖者，增强获奖者的自豪感和荣誉感。

三、工作成效

在两家学会的共同组织下，顾毓琇奖秉承公开、公正、公平的原则，以及科学、规范、严谨的奖励流程，赢得了行业的信任和赞誉。经过 9 年的培育，顾毓琇电机工程奖已经成为电机工程领域具有重要影响力的奖项，在推动电机工程科技发展、促进国际学术交流与合作中，发挥越来越重要的作用。

　　经过专家提名、国际遴选委员会评选、学会常务理事会和 IEEE PES 董事会批准，评选出 2018 年顾毓琇电机工程奖的获奖者是西安热工研究院的危师让先生。他长期从事大型汽轮机、燃气轮机和常规联合循环、IGCC 等燃煤联合循环发电技术的研究及工程应用工作，在清洁高效发电技术，特别是先进凝汽器胶球清洗技术、老旧机组改造、煤气化和整体煤气化联合循环发电流程设计和优化方面做出了突出贡献。

　　2018 年 8 月 7 日，在 IEEE PES 年会颁奖典礼上，学会谢明亮副理事长兼秘书长与 IEEE PES 主席赛义夫·拉赫曼共同为 2018 年顾毓琇电机工程奖获奖者危师让颁发了获奖证书和奖牌。2018 年 11 月 13 日，在中国电机工程学会年会上，举行了隆重的颁奖仪式，进一步扩大奖项在国内的知名度和品牌效益。

设立钱学森奖　推进奖励国际化

中国自动化学会

一、背景意义

钱学森先生是享誉海内外的杰出科学家，被誉为中国自动化控制之父，同时也是中国自动化学会创始人，并担任学会第一、第二届理事长。

为缅怀钱学森先生为我国科学事业和国防现代化建设建立的卓越功勋，追思、学习钱学森先生科学思想，鞭策在自动化、信息与智能科学领域的当代科技工作者开拓创新、勇于进取，激励科学技术原始积累，助力我国自动化科学、工程和产业的发展，对标国际化科技奖励，加强学会科技奖励国际化建设，特设立"钱学森奖"。

二、做法经验

为促进自动化科学与技术的创新和进步，中国自动化学会设立面向全国自动化科研、教育、应用和服务领域广大科技工作者的奖项。其奖励对象是为推动自动化科学与技术进步、提高自动化产业经济效益和社会效益做出突出贡献的项目、单位和个人。

中国自动化学会奖励体系分为：科技成果奖、科技人物奖、科技论文奖三大类。

（一）科技成果奖

中国自动化学会科技成果奖主要包括：CAA 科学技术奖和中国自动化企业创新奖等。

1. CAA 科学技术奖

CAA 科学技术奖分为 CAA 自然科学奖、CAA 技术发明奖、CAA 科技进步奖三项。

CAA 科学技术奖贯彻"尊重劳动、尊重知识、尊重人才、尊重创造"的方针，鼓励自主创新，鼓励攀登科学技术高峰。同时加强知识产权保护，促进科学研究、社会发展紧密结合，加速促进科技成果商品化和产业化的可持续发展。

2. 中国自动化企业创新奖

中国自动化企业创新奖聚焦中国自动化领域具有突出创新能力、取得突出产业化成果及具有先进创新机制的企业，表彰中国自动化领域小微企业创业中的最佳实践，为中国自动化领域广大应用型人才搭建展示才干、脱颖而出的舞台，从而发现中国自动化领域的创新标杆，总结提炼中国自动化企业的创新理念和成功经验，激励中国自动化行业的创新、创业热情，提升中国自动化产业的整体创新水平，为中国自动化产业发展提供持久动力。

（二）科技人物奖

中国自动化学会科技人物奖主要包括：杨嘉墀科技奖、CAA 青年科学家奖等。

1. 杨嘉墀科技奖

为促进中国自动化科学技术事业发展，推动科技创新和进步，促进科技成果转化，发现和激励科技创新型人才，根据我国著名航天科技专家和自动控制专家、自动检测学的奠基者、国家 863 高技术计划倡导人之一、"两弹一星"功勋奖章获得者杨嘉墀先生的生前遗愿，由中国自动化学会倡议，中国自动化学会与中国宇航学会共同设立"杨嘉墀科技奖"，旨在对自动化领域及宇航控制领域内，从事学科理论与方法、技术与系统、工程与应用的研究及实践做出成绩的科技人员，以及对学科发展、国民经济及国防建设有推动作用的科技工作者给予奖励，激励更多的科技工作者在科研的道路上拼搏，促进自动化领域发展和原始创新能力的提高，为我国自动化事业做出更多贡献。

2. CAA 青年科学家奖

CAA 青年科学家奖旨在激励自动化相关领域的青年学者在科学、技术或社会服务等方面做出重要贡献和突出成就，推动社会进步，促进青年人才成长。

（三）科技论文奖

中国自动化学会科技论文奖主要为：CAA 优秀博士学位论文奖。

CAA 优秀博士学位论文奖旨在加强高层次人才的培养，鼓励创新精神，提高我国博士生教育的质量。

CAA 优秀博士学位论文奖评选是对博士培养质量进行监督和激励的一项重要举措，对培养和激励博士生的创新精神，促进我国博士生培养质量的提高具有积极的作用。

三、工作成效

除上述学会五大奖励外，学会还设立有"杰出自动化工程师奖"和"CAA 高等教育教学成果奖"等共计 12 项奖励。所有奖励按照其具体奖励内容，均配套有相关奖励办法、工作细则以规范奖励工作，并保证奖励工作开展公平、公正、公开。同时学会奖励凭借其悠久的历史、公正的评审、高水平的办奖质量，多年来深受自动化领域及同行好评，已形成良好的品牌效应。

在 2017 年的奖励工作中，中国自动化学会 CAA 科学技术奖共评选出：CAA 自然科学奖 6 项，其中一等奖 4 项，二等奖 2 项；CAA 技术发明奖 2 项，其中一等奖、二等奖各 1 项；CAA 科学技术进步奖 4 项，一等奖 4 项。在历届奖项中，经学会推荐，2 个项目分获 2015 年和 2017 年国家自然科学奖二等奖，对推动学科与技术进步、提高产业经济效益和社会效益有较大作用及影响。

自动化企业创新奖 2017 年共有 11 家企业获奖。获奖企业重视自主创新且有明确创新目标，自主知识产权数较多，研发投入领先，具有较强的行业示范带动作用，且产生的经济效益和社会效益巨大。

杨嘉墀科技奖在 2017 年共评选 5 名获奖学者，其中一等奖 2 人、二等奖 3 人。获奖学者均为所属领域带头人，并对学科发展、社会经济发展做出巨大推动成果。为进一步扩大杨嘉墀科技奖的影响力，推动智能控制、航天等领域的基础理论研究、成果原始创新和技术开发，中国自动化学会于 2018 年创立了"杨嘉墀科技论坛"，邀请国内外自动化、信息与智能科学技术及其相关领域专家学者，共同探讨相关领域基础理论与研究进展，为推动我国经济发展做出一定的贡献。

CAA 青年科学家奖、CAA 优秀博士学位论文奖等在 2017 年也均有评选，并根据相关奖励办法、工作细则评选出获奖人，通过奖励，对促进青年人才成长、培养科技创新精神起到了较大的推动作用。

符合国际化标准的科技奖励建设

中国计算机学会

一、背景意义

21 世纪是以计算机技术为核心、以信息网络技术为纽带、以知识经济为标志的政治、经济、科技、文化"全球化"的时代，而科技奖励则是促进科技创新和发展的重要机制，是激励科技人才成长的重要手段，好的科技奖励机制可以吸引和激励更多人投身科技创新，提升建设创新型国家的强大合力，推动经济社会持续健康发展，为建设富强、民主、文明、和谐的社会主义现代化国家，实现中华民族伟大复兴的中国梦而奋斗。

目前，国际上计算机领域最具影响力的奖项是图灵奖，由（美国）计算机协会（Association of Computer Machinery，ACM）设立，以现代计算机的发明者之一Alan M. Turing 的名字命名，每年颁发给在计算机领域做出意义重大而深远的个人，1966 年开始颁发，通常每年仅有一位获奖者，其影响力被业界誉为计算机领域的诺贝尔奖。国际上在计算机领域最有影响力的学会包括 ACM 和（美国）电子与电气工程师协会计算机学会（IEEE CS），他们设立的各类科技类奖项，均有完善的奖励条例，实行推荐制，评选公平、公开、公正，奖项的国际认可度高，获奖人也在领域内有较高的影响力。中国计算机学会（CCF）自 2006 年实行全面改革以来，一直对标国际本领域知名学会，向这些学会学习先进的理念和做法，包括组织架构、学术活动和科技奖励等各方面，并和 ACM、IEEE CS 等国际学术组织建立了密切的联系和合作。中国计算机学会希望更多地借鉴和参照国际化管理，并与国际学术组织合作，建设符合国际化标准的科技奖励制度，推动中国计算机领域的奖项走向国际，具有国际影响力，并带动本领域科技创新发展。

二、做法经验

中国计算机学会多年来一直关注和对标国际上知名学会的科技奖励，学习其先进的理念并结合中国国内实际情况，在组织结构、评奖办法、国际化等方面做了大量的工作，制定了《中国计算机学会奖励条例》，形成了如下的工作模式：

（一）符合国际惯例的评奖办法

中国计算机学会目前现有的 13 个奖项均有明确对应的评奖条例，且所有奖项全部采用推荐制，充分体现了学术共同体和小同行在评奖中的作用，保证了中国计算机学会奖项的公平性、独立性和权威性。这样做既符合奖励的本质，有助于评奖的公正性，也符合国际通行的奖励规则，且所有奖项的评选均不收费，同时对获奖人提供奖金，获奖人参加颁奖会的所有费用也均由中国计算机学会承担。为了维护奖励的纯洁性、公信力和权威性，中国计算机学会常务理事会制定了严格的"约束禁止和处罚"规则，不但禁止请客、送礼和说情的行为，一经发现，将严格处罚，无人可以例外，还要求评奖委员会成员和相关人员不得向外界透漏评奖过程。评奖结果公布之前，不得透漏评奖结果。如果评奖委员会成员和相关人员与所评奖项候选人有任何亲属、师生、合作以及其他被认为有碍公正评奖的关系时，也必须提前声明并全程回避评奖。颁奖后，公布评奖委员会成员，将评奖委员会成员的个人信用融入评奖工作，在多个环节和细节上保证评奖的公平性。

（二）合理完善的评奖机构

中国计算机学会奖项的评选由奖励委员会和各评奖分委员会负责。奖励委员会实行候任主席制，保持了工作的连贯性。奖励委员会和评奖分委员会主席、候任主席由理事长任命，委员由各主席任命，都是 CCF 理事或高级会员以上级别的会员，以保证对奖项理解的准确度。同时，委员会的组成要考虑专业方向分布和其他方面的代表性。第一届奖励委员会中有 3 名委员任期 2 年，其余委员及此后各届委员的任期均为 4 年。根据委员进入奖励委员会的年限，奖励委员会委员以两年为周期，交替更换 3 人或 4 人。奖励委员会委员更换后，原候任主席接任奖励委员会主席，并由理事长在新进入奖励委员会的委员中任命一位新的候任主席。各评奖分委员会均由委员 5 人组成，其中主席 1 人、候任主席 1 人。分委员会主席和候任主席由奖励委员会主席提名，理事长批准。分委员会委员由分委员会主席提名，奖励委员会主席批准。分委员会委员任期 4 年，以两年为周期交替更换 2 人或 3 人。分委员会委员更换后，原候任主席接任分委员会主席，并由奖励委员会主席提名，报理事长批准，在新进入分委员会的委员中任命一位新的候任主席。奖励委员会及评奖分委员会委员的任期交叉制，保证了评奖规则的有效落实，各奖励机构成员采用任命制，将责任明确落实到个人，也保证了评奖过程中的公正性和监督作用。

（三）与国际学术组织合作设奖

2016 年，CCF 与 IEEE CS 开展奖项方面的合作，共同评选和颁发青年科学家奖，并将奖项名称定为 CCF-IEEE CS 青年科学家奖。双方根据奖励条例共同组成评选委员会评奖，共同签发获奖证书，并分别在中国和美国两地举行的颁奖会上由 CCF 和 IEEE CS 负责人为获奖人共同颁奖。中国计算机学会奖励得到了国际组织的认可，并开始了与国际组织的合作。

三、工作成效

2017—2018 年中国计算机学会奖励有序组织，通过对往届奖励结果的宣传、各评奖分委员会对所负责奖项候选人的发掘，各奖项候选人数量较前一年度均有较大幅度增长，特别是有国际合作的 CCF-IEEE CS 青年科学家奖，其国际影响力显著增加，获奖人除参加中国计算机学会组织的颁奖大会，接受 CCF 与 IEEE CS 共同颁奖外，同时于 6 月受邀赴美参加 IEEE CS 组织的颁奖大会，并再次接受隆重的颁奖。本年度该奖项推荐候选人数量继续大幅增加，较前一年度增加 1 倍，且企业赞助奖金额度增长 1 倍。CCF-IEEE CS 青年科学家奖已经成为计算机领域认可度较高的青年学者奖励品牌。CCF 与 IEEE CS 正在就邀请得奖人以获奖人的身份在双方主办的大型会议上做学术报告进行商讨，希望借此进一步提升对获奖人的宣传及影响力，促进奖项的宣传和影响力，逐步将奖项培育为具有国际影响力，并被国际上业界认可的青年学者的奖励。

中国公路学会科学技术奖国际化建设

中国公路学会

一、背景意义

2002 年 5 月 27 日，中华人民共和国交通部《关于交通科技成果评奖有关问题的通知》（交科教发〔2002〕228 号）文件指出"2000 年交通部科技奖不再评审"，2002 年 3 月 11 日，国家科学技术奖励工作办公室按照"社会力量设置科学技术奖"的有关规定，批准中国公路学会设立《中国公路学会科学技术奖》，登记证字号为第 44 号，中国公路学会科学技术奖是面向全国公路交通行业最权威、最有影响力的科技奖项。该奖项获批设立后，中国公路学会成立了科学技术奖奖励评审委员会及奖励工作办公室，并制定了奖励办法、实施细则及评审标准，以独立、严格、公正的态度，组织评审该奖项。

二、做法经验

美国科技奖励评审制度遵循规范化和国际化的原则，具有一定的代表性。本文整理了我国与美国的科技奖励制度三方面内容的简单比较。

（一）候选人产生方式

在我国社会力量设奖中，90%以上为自由申报和组织推荐产生。根据《2016 年中国科学技术奖励年鉴》资料显示，截止到 2015 年年底，在国家科技奖励办公室登记备案并提交年检的 159 项社会力量奖励中，大部分奖项的候选项目（候选人）产生的方式均是经个人申报和组织推荐的，单纯由专家提名的奖项仅占 6%。

美国众多的奖励评选中，候选人的产生方式主要有提名、申报、推荐和自荐等，但绝大多数科技奖候选人是以同行专家或机构提名的方式产生的，大多数科技奖不接受候选人自荐。

（二）评审程序

我国科技奖励的评审程序一般较为复杂。一般采取3~4级评审模式，即由推荐单位组织初评；完成推荐后，由授奖部门奖励办公室对推荐候选者的材料进行形式审查；形式审查合格者，经过专业评审组网评、会审，并将评选结果报评审委员会；评审委员会对各专业组推荐结果进行终评。对于终评结果，一些行业协会则设有奖励委员会，对评审委员会的评审结果进行审定。另外，从评审的形式审查到评审委员会终评，各个环节一般都实行公示制度。

美国不同类型的科技奖项有各自独立的评审委员会。评审委员会专家在对获得提名的候选人广泛评议的基础上，进行筛选和审定。一般是以候选人获得推举的频率或以投票方式最终确定获奖者。大多数评审为评审委员会一级评审，评审过程保密，评审程序简单，没有任何申诉、复审、公示及进一步上报主管部门审批等过程和环节。

（三）获奖形式

我国科技奖获奖后与职称评定、职务晋升甚至其他福利相挂钩，美国的科技奖励主要是对科技人员已做出科技贡献的肯定和奖励，获奖后没有与职称评定、职务晋升相挂钩的政策。在社会力量设奖中，一般都会有不同额度的奖金，其奖金来源多为个人、企业和社会团体捐赠或资助。除奖金外，有些奖项还额外配给一定的资金支持用于项目的进一步研究。

三、工作成效

自2002年起至2017年，已完成16届中国公路学会科学技术奖申报评审工作，其中共受理申报项目5 394项。经专家认真评审，总计2 068项科技成果获奖（特等奖49项、一等奖303项、二等奖677项、三等奖1 039项）。

（一）2017年度科技奖励工作概述

2017年4月，学会印发通知，开始组织2017年科技奖申报工作。截至7月14日，学会科技奖励工作办公室共受理申报项目519项。其中，申报特等奖57项、一等奖309项、二等奖129项、三等奖24项。

2017年7~8月，学会科技奖励工作办公室严格按照学会科技奖有关规定，对受理的申报材料进行符合性审查。519项受理项目中，共有450项通过审查，通过率为86.7%。

2017 年 10～11 月，根据申报项目分类，评审委员会组织 6 个专业评审组，对通过符合性审查的 450 个项目，进行专业组封闭评审，共计 50 多名专家参加了专业组评审工作。经过评审，初步确定了各专业组建议获奖项目清单。

11 月 3～4 日，学会在北京召开"2017 年度中国公路学会科学技术奖"答辩与评审委员会会议，共有 12 名评审委员出席会议。经过答辩及最终评议，评审委员会共评出 2017 年获奖项目 165 项，其中，特等奖 5 项、一等奖 24 项、二等奖 60 项、三等奖 76 项，总授奖率为 31.8％。会后，评审委员会将该评审结果，报送中国公路学会理事长办公会批准。

2017 年 12 月，2017 年度中国公路学会科学技术奖评审结果经网上公示后，正式向社会公布获奖结果。

（二）奖励特点

中国公路学会科学技术奖每年评选一次，设一等（特等奖）奖、二等奖、三等奖 3 个等级，授予在公路交通行业中做出突出贡献的组织和个人。每年评选结束后，学会还会召开专门会议，对获奖项目及获奖人进行隆重表彰，邀请国家有关部门领导为获奖者颁奖，并通过各种媒体及时发布信息，大力推介获奖成果。

学会还把表彰活动和举办学术论坛、成果报告会结合起来，充分发挥科技奖励在推进科技创新和成果转化方面的激励作用。目前，除公路系统外，铁路、港航、城市交通领域相关单位以及一大批民营企业也积极参评，学会科技奖的主流地位进一步确立。

（三）科技奖颁奖

2018 年 6 月 18～21 日，2018 年度世界交通运输大会在北京国家会议中心召开，大会期间隆重颁发了 2017 年度中国公路学会科学技术奖。中国公路学会理事长翁孟勇，交通运输部总工程师周伟，中国科协党组成员、书记处书记宋军等领导为 100 余位获奖代表颁奖，颁奖仪式出席人数达 600 余人。

设立岐黄国际奖　推动中医药创新发展

中华中医药学会

一、背景意义

（一）党和国家高度重视中医药工作

中医药作为我国传统文化的杰出代表，是中华民族的宝贵财富，它不仅为中华民族的繁衍昌盛做出了不可磨灭的贡献，而且越来越受到国际社会的关注和重视。党的十八大以来，以习近平同志为核心的党中央高度重视中华优秀传统医药文化的传承发展，明确提出"着力推动中医药振兴发展"，并从国家战略的高度对中医药发展进行全面谋划和系统部署，明确了新形势下发展中医药事业的指导思想和目标任务，为推动中医药振兴发展指明了方向、提供了遵循。习近平总书记指出，中医药学是"祖先留给我们的宝贵财富"，是"中华民族的瑰宝"，是"打开中华文明宝库的钥匙""凝聚着深邃的哲学智慧和中华民族几千年的健康养生理念及其实践经验"。这些重要论述，凸显了中医药学在中华优秀传统文化中不可替代的重要地位。

（二）中医药成为"一带一路"健康卫生领域合作的靓丽名片

2018 年，中医药已传播到 183 个国家和地区，中国已同外国政府、地区主管机构和国际组织签署了 86 个中医药合作协议。屠呦呦研究员因发现青蒿素获得 2015 年诺贝尔生理学或医学奖，表明中医药为人类健康做出卓越贡献。中医针灸列入联合国教科文组织"人类非物质文化遗产代表作名录"，《本草纲目》和《黄帝内经》列入"世界记忆名录"。国际标准化组织（ISO）成立中医药技术委员会（ISO/TC 249），并陆续制定颁布 7 项中医药国际标准。以中医药为代表的传统医学首次纳入世界卫生组织国际疾病分类代码（ICD-11），中医药作为国际医学体系的重要组成部分，正为促进人类健康发挥着积极作用。

（三）设立岐黄国际奖推动中医药创新发展

为贯彻落实好习近平总书记提出的："切实把中医药这一祖先留给我们的

宝贵财富继承好、发展好、利用好"的指示精神，进一步调动国际广大中医药科技工作者的积极性和创造性，促进中医药学术进步和科技创新，提升中医药国际影响力，经学会常务理事会审议通过，学会设立"岐黄国际奖"，奖励在中医药科研领域取得重大成果的外籍专家或长期在海外工作的中国籍专家。这是中医药科研领域首个国际奖项，以此调动海外中医药工作者的积极性和创造性，推动中医药向国际传播与发展。

二、做法经验

（一）多渠道推荐提名确保候选人（项目）质量

中华中医药学会岐黄国际奖接受单位推荐、专家提名。具有推荐资格的单位包括国内一级学会、国外知名中医药学术团体。具有提名资格的专家包括（至少两人同时推荐）两院院士、国医大师、学会常务理事、往届获奖者等。奖项推荐提名渠道多、范围广，保证符合条件的候选人有机会参选。

（二）权威专家评审确保结果权威性

为保证评审的顺利进行，中华中医药学会在科技奖励专家库中遴选对国际中医药科研情况较为熟悉或在中医药国际组织任职的专家参与评审工作，今后还将探索引入外国专家参与评审，保证评审结果的权威性。

（三）完善监督机制

为了不断提升学会科技奖励品牌的权威性和影响力，确保评审的公平、公正，中华中医药学会根据奖励办法及《国家科学技术奖励评审工作纪律》的有关规定，进一步严格明确评审纪律，评审专家除需签署承诺书外，还需与参评对象共同签署确认书，对会前、会中是否存在违纪现象进行确认，共同营造公平、公正的评审环境。中华中医药学会纪检干部全程参与评审工作。

三、工作成效

中华中医药学会具有扎实的工作基础和丰富的工作经验，秘书处专设科技评审部负责科技奖励工作。岐黄国际奖通过 3 年的试运行，已评选出来自美国、德国、荷兰、奥地利等国家的 8 位获奖者。岐黄国家奖已成为国内外中医药专家交流合作的重要平台，有效提升了学会知名度和影响力。

其他公共服务

基于移动互联网的围产期抑郁
防治策略的构建及应用

中国心理学会

一、背景意义

围产期抑郁（perinatal depression，PD）是指从妊娠开始至产后 12 个月内发生的不同程度的抑郁发作，是孕产妇妊娠期及产后最重要的心理健康问题之一。目前，全球范围内围产期抑郁患病率高达 10%～20%，而在发展中国家患病率高于发达国家；另外有研究报道，中国围产期抑郁患病率达 17.4%，且产前抑郁患病率高于产后抑郁患病率。围产期抑郁对母亲、孩子及其家庭均有巨大的影响，易导致母亲出现各种常见抑郁症状及自杀倾向或自杀、自残等行为，除此之外还会影响母婴关系的建立，甚至会出现伤婴、杀婴等严重后果；而且还会对婴儿的成长发育产生远期的影响，导致孩子出现压力应对能力差、社会交往障碍、低自尊和各种行为障碍。而且，围产期抑郁还会破坏孕产妇与其周围人特别是家庭成员的关系。因此，围产期抑郁已成为世界范围内亟待解决的重要公共卫生和社会问题。

虽然围产期抑郁受到越来越多的关注，但目前对围产期抑郁的认识仍有许多重要和未解决的问题，如围产期抑郁的发生机制、对母婴的长远影响及有效的防治手段。根据症状类型和严重程度，对围产期抑郁患者的治疗方法主要包括社会心理干预和药物治疗，但考虑到药物治疗可能会对母婴造成不良影响，大多数围产期女性并不愿意接受药物治疗方式。因此，高效可行的社会心理干预策略对围产期抑郁的防治有重要的意义。随着中国社会经济水平及医疗卫生服务水平的不断提高，孕产妇对卫生心理服务的需求呈现个体化和多样化的特点，仅依靠传统面对面的医疗卫生服务模式已不能满足孕产妇日益增长的健康需求。互联网尤其是移动网络已经成为女性，尤其是孕妇获取孕期保健知识和心理社会支持的主要途径之一。因此，如何基于移动互联网技术开发适用于中国围产期抑郁患者的一种新的循证、科学和系统的社会心理干预方法，对促进中国孕产妇心理健康、提高围产期保健质量有着重要的科学和实践意义。

二、做法经验

（一）基于认知行为疗法的健康思维指南是围产期抑郁患者的有效治疗方法

根据世界卫生组织（WHO）2014 年的精神卫生调查的结果，全世界范围内有超过 45％的人口所在的国家内每 10 万人的普通人口中少于 1 个精神学家，甚至更少，因此，如果仅仅依靠医疗专家来治疗精神心理等疾患将会使得百万以上的患者得不到救助。尽管有一些其他的干预措施存在，但是也做不到以循证为基础，质量不高。因此，WHO 提出 mhGAP（mental health gap action programme）项目以指导非专业卫生保健人员提供循证的精神心理干预措施。健康思维（thinking healthy program，THP）是 2015 年由 WHO mhGAP 项目所推荐的针对围产期抑郁的精神心理干预指南，该指南以 CBT 为核心策略，从母亲的个人健康、亲子关系和母亲的社会关系 3 个方面对围产期抑郁患者进行心理干预，且已在巴基斯坦、印度等国家和地区获得了良好的适用效果。该指南的应用极大地填补了精神卫生专家严重不足这一鸿沟，为围产期抑郁患者的治疗提供了更广泛的可能性。但目前该指南尚未在国内开展相关的实证和应用研究，也未见应用于移动医疗领域的相关报道。

（二）移动 App 可作为中国围产期抑郁防治的简单、便捷、有效的干预手段

虽然 CBT 对于孕产妇围产期抑郁的防治效果已经得到越来越多的循证证据支持，但在临床应用中传统 CBT 的实施往往受到时间、地域、经济水平及病耻感等多种因素的限制，对孕产妇抑郁的干预效果无法得到保证。近年来，网络信息化的飞速发展为打破传统 CBT 临床应用的壁垒提供了良好契机，而且 CBT 这种短程有效、结构化、操作性强的心理社会干预方法非常适合网络化的干预方式。相比于传统的由心理治疗师介导的 CBT，网络化 CBT 具有简单易行、低成本、不受时间和空间限制、易于推广等优势。另外，网络化 CBT 还可适用于不同文化、语言和经济水平的患者，为弱势群体的参与提供了可能性。因此，网络化 CBT 可以作为一种有效的围产期抑郁防治工具，有利于实现中国

医疗卫生资源利用的有效性、可及性和公平性，助力实现《"健康中国 2030"规划纲要》中提出的"人人享有基本医疗卫生服务"的战略目标。

智能手机因其便捷、可移动、易于操作、使用成本低等诸多优点，在 ICBT 的发展与构建中的重要性日益凸显。应用手机 App 来开展 ICBT 将成为基础卫生保健工作所面临的一项重要机遇和挑战。目前，现有针对孕产妇围产期抑郁情绪的手机 App 多为商业性质，主要由国外科技公司开发，语言以英文为主，中文 App 数量极少；此类 App 的开发过程，内容的科学性、实用性和有效性并未经过科学的论证。因此，一个基于循证研究结果、具有理论支持、经临床实验验证的基于 CBT 的 App，对于孕产妇围产期抑郁的防治具有重大的现实意义。

三、工作成效

（一）孕妇产前抑郁症状发生率较高且以轻、中度抑郁为主

通过对陕西省汉中市 400 余名孕妇采用抑郁自评量表调查发现，孕妇产前抑郁症状发生率达 52.4%，其中轻度抑郁占 78.2%，中度抑郁占 20.4%，重度抑郁占 1.4%。

（二）分娩后负性体验会导致母亲情感上的障碍

通过对初产妇的半结构化质性访谈发现其主要面临问题是母亲经历的困难、挑战和他们对获取社会支持的期望，其次为健康状况恶化、外貌变化、睡眠质量低下、母乳喂养问题、儿童看护的无助感、关于照顾婴儿方面的知识缺乏、工作—家庭冲突方面，这些负性体验往往会导致母亲会有情感上的障碍。

（三）初步制定了中国版健康思维干预方案

在取得 WHO 健康思维指南原作者 Atif 教授的授权后，项目组对该指南进行了翻译和修订，并初步制定了中国版围产期抑郁健康思维干预方案。该方案共包括妊娠早中期、妊娠晚期、新生儿期、婴儿早期、婴儿中期和婴儿晚期共计 6 个模块。

（四）初步设计了健康思维干预方案的移动医疗 App

基于修订形成的中国版围产期健康思维干预方案，初步设计完成了围产期抑郁健康思维移动 App。该 App 的板块及其内容由 4 部分组成，分别是健康思维课程学习、健康思维日记、健康行为日记和每周记录汇总展示。

国产仪器发展布局和策略研究

中国仪器仪表学会

一、背景意义

近年来中国仪器仪表产业快速发展，已涌现一批优秀的企业和具备国际竞争力的优秀产品，但国产仪器发展面临的一个重要瓶颈是很多用户群体对国产仪器有根深蒂固的偏见，盲目认为进口仪器一定优于国产仪器，造成大量国产优秀仪器在与进口仪器的竞争中处于不利地位，采购需求低、利润率低，进而导致企业在研发、人才培养等方面资金投入少、创新能力弱，形成恶性循环。造成这种现象的一个重要原因是多数仪器仪表用户对国产仪器的适用范围、稳定性、准确性、可靠性等性能指标不了解、不放心，怕担风险、怕技术不成熟，宁愿高价进口国外成熟产品。用户看不到国产仪器的真实特点和优势，国产仪器生产企业无法拿出证明自身产品性能的支撑数据和应用案例，用户与企业对于产品的信息不对称严重阻碍了国产仪器的发展，因此亟须在生产厂商和用户间建立产品评价环节，从用户实际需求出发，通过翔实的验证数据和专业的技术分析对产品性能、应用范围等给出专业性的评判，为用户选用国产仪器提供借鉴，为国产仪器的推广应用提供了有力支撑。

先进智能仪器的创新发展是"中国制造 2025"进程中不可或缺的重要部分。国家高度重视仪器产业的创新发展，国家科技攻关、科技支撑计划、重大科学仪器设备开发专项等科技项目都资助了国产仪器项目的研发。帮助创新企业提升产品质量和自主创新能力，已不仅仅是国家战略，更是维护中国仪器生态健康发展，提升国产仪器产业整体竞争力的必然选择。

国际大型仪器企业由于多年的技术、资金积累，在研发和试验投入上远远高于国内企业，在企业内部建有完善的产品定型和评估验证体系。许多国际知名社团组织都提供产品第三方评价服务，如美国工程师协会（ASME）就具备完善的产品第三方评价体系，企业可自愿为其产品申请第三方评价。而中国仪器仪表行业目前尚无规范的产品评价机制和评价标准，国内的仪器制造商限于资金、技术和人力等方面投入，也无法各自建立产品定型和评估验证体系。

二、做法经验

（一）标准制定

标准是评价产品并给出专业性评判结论的重要依据。中国仪器仪表学会标准化委员会是国家标准委员会批准的首批开展团体标准试点工作的学会，自成立以来，标准委员会严格按照国家质量监督检验检疫总局、国家标准委员会、民政部《团体标准管理规定（试行）》的要求，在标准制定、实施、监督等各个环节高标准、严要求，以需求为导向，已制定发布了多项中英文版的社团标准，获得了行业广泛认可。

（二）中国好仪表评选

中国仪器仪表学会自 2016 年起成功举办了两届"中国好仪表"评选活动。

中国仪器仪表学会多年来与美国、英国、日本、法国、德国、新加坡、韩国等国家以及我国港、澳、台地区相关专业组织建有双边及多边友好关系，对国内外仪器、仪表行业组织开展产品定型和评估验证体系建设等工作有广泛了解。同时，多年来学会通过科技奖评审、举办行业展会、主持或参与政府咨询项目等工作，掌握国内仪器、仪表企业创新发展的痛点和难点。

基于对国内外仪器、仪表行业的了解，中国仪器仪表学会于 2016 年推出了"中国好仪表"评选活动。作为"首个"面向仪表全行业产品的评选，在项目成立之初，"中国好仪表"便获得了大量的关注。该评选旨在团结仪表行业，推广仪表与测量控制科技的普及，推动仪表与测量控制技术的创新提升。学会为此制定了完善的申报流程和评审制度，挑选了一批行业知名专家担任评委。每年接受申报产品近千项，整个评审过程做到了公平、公正、公开，受到业界的一致好评。

三、工作成效

2017 年，中国好仪表评选主要针对工业自动化仪表，共设温度、压力、流量、物位、控制阀、在线分析、显示控制、DCS、PLC、安全栅隔离器、安全仪表与系统、称重仪表与系统、执行机构、设备状态在线监测仪表与系统、校验仪表与装置、核仪表 16 个类别。通过用户使用评价、产品资质评价、网友投票和专家评审 4 个环节，共有 69 家仪器仪表企业的 97 个产品获得中国好仪表称号。

评选工作得到了众多仪表厂商、行业企事业单位和专家的支持。通过评选，总结出一批优秀的产品，在帮助企业提升品牌价值，并带动整个产业的发展方面起到了重要作用。

中国仪器仪表学会通过此项评审活动，进一步提升了学会在行业内的认知度，加强了与企业特别是仪表生产厂商的沟通交流。学会将认真对此项工作进行总结，征询企业和专家意见并将此项工作长期开展下去，为仪器仪表企业提供更好的、更有价值的服务，为本土品牌的崛起，为中国仪器仪表产业的发展做出应有的贡献。

中国信息化发展成就与经验

中国电子学会

一、背景意义

当前，全球正处于新一轮科技革命和产业变革的交汇期，信息化对国家社会经济的影响愈发显著，发达国家正着力打造信息化背景下的国家制造业竞争力新优势。着眼于国家安全和网络信息产业长期发展，十八大以来，党中央国务院高度重视信息化工作，2014年2月成立了中央网络安全和信息化领导小组，由习近平总书记亲自担任组长。习近平总书记在成立大会上指出，建设网络强国，要有自己的技术，有过硬的技术；要制定全面的信息技术、网络技术研究发展战略，下大气力解决科研成果转化问题；要出台支持企业发展的政策，让他们成为技术创新主体，成为信息产业发展主体。2016年4月19日，习近平总书记在网络安全和信息化工作座谈会上再次强调要尽快在核心技术上取得突破。要有决心、恒心、重心，树立顽强拼搏、刻苦攻关的志气，坚定不移实施创新驱动发展战略，抓住基础技术、通用技术、非对称技术、前沿技术、颠覆性技术，把更多人力、物力、财力投向核心技术研发，集合精锐力量，做出战略性安排。

在党和国家系列政策支持和推动下，同时在市场主体发挥作用、全球信息化发展浪潮等机遇下，中国信息化快速发展并取得了举世瞩目的成绩，网络信息相关产业规模持续扩大，基础设施快速建设，行业应用不断增加，生态体系初步形成，核心技术不断突破，信息化带动传统产业转型升级作用明显。

为进一步贯彻落实习近平总书记关于信息技术产业的重要指示精神，切实推动中国信息技术产业发展，实现网络强国的战略目标，中央网络安全和信息化委员会办公室（中央网信办）信息化发展局牵头组织相关战略研究工作。鉴于中国电子学会在电子信息领域学术和技术产业中具有凝聚广泛专家和较深的研究支撑能力，中央网信办信息化发展局特委托中国电子学会对中国信息化发展成就与经验开展调查、研究与论证，并形成《十八大以来中国信息化发展成就与经验总结》报告的工作。

二、做法经验

（一）项目实施过程好的做法

1. 紧密围绕政府重点方向主动建言献策

近年来党和国家高度重视信息化发展，中共中央办公厅、国务院办公厅印发了《国家信息化发展战略纲要》，项目恰逢十八大收尾与十九大召开之年，总结十八大信息化发展成就经验，为十九大提供借鉴是相关政府部门的迫切需求，中国电子学会紧密围绕政府工作重点方向，在对电子信息行业扎实积累的基础上多次、主动汇报技术、行业发展情况，获得了相关部门的认可，在承接政府职能工作中取得先机。

2. 采用官方数据充分借助外脑

全面系统梳理了中国推动信息化相关政策，分析时采用国家统计局、工信部等官方机构发布的资料和数据，同时充分借助权威咨询机构国内外统计数据，总结提炼为产业发展提供参考。

3. 扎实调研注重实际

先后赴清华大学、北京大学、北京航空航天大学、北京理工大学、澳门大学、中国科学院上海微系统所、上海嘉定工业区、福州软件园、福州物联网开放实验室、华为、兆易创新、沈阳新松、新大陆等科研院所、企业和园区进行了实地考察，对信息化基础设施和重要环节的发展情况进行实际调研。

4. 多形式、多维度开展研讨，权威度高

先后多次组织了不同形式的专家论坛，邀请邬贺铨、尹浩、邬江兴、沈昌祥、倪光南等知名院士专家围绕人工智能、虚拟现实、集成电路、信息安全等相关领域的技术、产业、趋势等问题进行了广泛深入的探讨。

（二）项目实施经验

（1）由于项目涉及的信息领域核心技术产业发展较快，所以定期与领域内专家交流，及时调研行业最新状况显得尤为重要。

（2）产业研究和学术论文不同，不能只进行理论分析和钻研资料，闭门造车，一定要结合更多的实地调研考察。

（3）为政府提供政策支撑的报告不仅需要在内容专业性上保证高质量，还需要体例规范，撰写报告过程一定要与委托方多互动，多次修订，在双方不断的磨合之中制作出既符合体例要求又具有高质量的报告。

（4）注重通过中国物联网大会、中国网络与安全大会等大型平台收集专家观点，与专家集中进行交流，提高工作效率。

（三）项目模式总结

（1）首先统筹实地考察、专家论坛和资料分析中所有的要点，之后再进行总结提炼，撰写报告。

（2）撰写报告过程中应继续与产业相关专家互动，共同修改，完善报告。

三、工作成效

1. 成果

经过广泛深入的调查研究、资料分析和专家研讨，完成了《十八大以来中国信息化发展成就与经验总结》报告。

2. 成效

（1）本报告完成正值十九大开局之时，报告系统、全面地梳理总结了党的十八大以来中国信息化发展的成就，分析了取得系列成就的基本经验和教训，对相关行业部门下一步调整工作方向、制定战略规划具有重要的借鉴意义。报告内容也得到了中央网信办信息化发展局的认可。

（2）中国电子学会在电子信息领域长期进行学术交流、科技评价、标准研制、人才举荐、决策支撑等工作，但信息领域涵盖范围广，上述工作较为零散，通过该项目对电子信息领域系统、全面地总结，探清信息化发展现状，寻找发展过程中的亮点和不足，对整合自身工作，调整未来工作重点具有重要的意义。

（3）信息技术发展日新月异，对经济社会发展影响越来越大，以本报告为基础，持续跟踪最新发展动态并开展工作，对营造报告品牌、更广泛地为相关部门及社会各界提供参考具有积极作用。

（4）该项目作为中国电子学会承接中国科协的承接政府转移职能与公共服务示范工程项目，总结了学会承接政府高新技术产业发展决策支撑研究的经验和模式、优势和短板，为相关学会承接类似职能提供参考。

纺织行业协同科技创新平台建设

中国纺织工程学会

一、背景意义

改革开放 40 年来，虽然我国纺织工业已形成世界上规模最大、最完整的上下游衔接、生产配套的产业链体系，中国成为名副其实的纺织大国，但存在纺织科技创新资源分散，一些科研项目是"纸上谈兵"，成果转化率较低，在许多高端材料研发、关键生产技术与装备以及标准上缺乏话语权等问题。急需转变科研方式，积极探索将从政府拿项目，逐步改为以企业和行业发展需求立项目，然后政府给予补贴和奖励的从下到上的新模式，使科研方式符合国际惯例、符合实际需求。如何整合已有科技优势资源，紧密结合经济发展需求，需要通过点—线—面的科技创新体系建设，提高企业自主研发能力，脚踏实地解决纺织行业中各个领域的技术难题和瓶颈问题，从而提升纺织科技整体实力和国际竞争新优势。加快科技创新平台建设，是落实国务院促进中小企业发展政策和国家重点产业调整振兴规划的重要举措，对改善中小企业发展环境，促进社会资源优化配置和专业化分工协作，推动共性关键技术的转移与应用，逐步形成社会化、市场化、专业化的公共服务体系和长效机制具有重要现实意义。

二、做法经验

中国纺织工程学会积极参与国家创新体系建设，结合中国科协能力提升与改革工程，中国纺织工程学会整合政策要素、科技要素、区域要素、市场要素、信息要素，推动科研基地、技术研发中心、产业研究院各个"点"之间相互合作，优势互补，形成产业工艺链条，重点打造新兴科技纺织产业链条，促进项目成果对接落地，形成示范效应，带动区域"面"、产业"面"的转型升级。以学会的专业优势、规范工作、细致服务满足行业社会需求，为科技创新和服务经济发展提供了更好的支撑。

（一）科研基地建设

依托于全国纺织及其相关领域高等院校、科研单位等，且在某细分学科领域有科研引领作用的科研机构，亦包括国家及省部级重点实验室、工程中心、技术中心，中国纺织工程学会从 2017 年起设立了中国纺织工程学会科研基地，联合企业攻关，科研成果转化与服务效果成效明显。其中，"中空纤维膜材料与应用技术科研基地"的膜技术解决了中国污水资源化的核心技术，广泛应用于工业废水和市政污水处理与回用、饮用水处理等领域，在山东海化集团、内蒙古金桥污水处理厂、浙江东方华强纺织印染有限公司等得到应用。"天然染料印花技术与应用科研基地"的天然染料印花项目得到产业化发展，在盛虹集团、张家港市双盈印染有限公司、江苏联宏纺织有限公司得到很好的应用，还积极开拓了在非遗领域的应用。"纺织浆料与浆纱技术科研基地"在新型浆料研发、浆纱设备设计和浆纱技术创新等方面与宜兴市军达浆料科技有限公司、江阴祥盛纺印机械制造有限公司、黑牡丹（集团）股份有限公司联合，科研成果得以落地。此外，"丝绸文化创新与时尚设计科研基地"与"天然染料染色印花技术与应用科研基地"达成合作，实现技术共享。

（二）研发中心建设

开展"中国纺织工程学会技术研发中心"建设，涵盖纺织全行业的工艺、技术、装备的研发和推广协助系统，积累了丰富的为企业提供科技服务的经验，并建立了一套完善的研发中心评价制度。与地方科学技术协会积极沟通，组织专家调研所属区域内的相关企业需求，与地方科学技术协会及相关企业形成合作协议，线上线下为技术研发中心提供决策咨询、技术攻关、技术推广和人才培训等多种形式的服务，并帮助研发中心企业在全行业推广技术和产品。

（三）产业研究院建设

根据地方经济发展需求，分别在苏州市和石狮市建立面料纺织产业研究院、服装及配饰产业研究院，完善组织机构设置，建立理事会和研究基金。整合国内外高校和科研院所的科研资源，通过开展科技评估、技术服务，帮助中小企业攻克技术难题，形成一批高质量的科研成果，促进科技成果和专利技术推广应用。充分发挥中国纺织工程学会在科研领域的资源整合优势，与国内外 16 家研究机构建立产、学、研合作关系，签订合作协议，形成长期连续的对接机制，由产业研究院专人负责对接各研究机构，定期反馈最新的科研成果对接到产业集群。

三、工作成效

通过点—线—面的科技创新体系建设，促进中国纺织工程学会的科研基地、技术研发中心以及产业研究院与企业、产业集群之间的优势互补，共同开发市场潜在需求，扩展发展空间，共享技术成果，提高产业和行业的竞争力，在相关领域形成了较大的合力和影响力。通过协同科技创新服务平台，结合现代纺织发展的定位，引导行业向推动文化创意、引领生活方式、高技术应用等方向发展，通过多家学会联合多个行业企业集成创新，搭建行业技术产业链接平台，最终实现特定行业的相互协作，如纺织车间的全自动生产线、智能可穿戴设备的开发等，在行业内形成较大反响。

开展决策咨询
促进食品工业健康发展

中国食品科学技术学会

一、背景意义

食品工业既是传统民生产业，更是国民经济的支柱产业，已成为中国经济中高速增长的重要驱动力，在实施制造强国战略和推进健康中国建设中具有重要地位。当前，全球经济增长放缓、不确定因素增加，中国经济已由高速增长阶段转向高质量发展阶段，正处在转变发展方式、优化经济结构、转换增长动力的攻关期，同时供给侧结构性改革处于关键期，小康社会建设处于决胜阶段，中国食品工业发展面临着新的机遇和挑战。在这种新形势下，更需要以宏观的视角，全面总结、客观评价食品工业年度发展状况，展示发展成果，深入剖析和研究食品工业发展所面临的问题，对行业进行更加科学系统的战略研究与顶层设计，从而为政府决策提供必要的科学积累，为经济运行提供有效的科学分析和决策咨询服务，在公共服务领域更多地利用自身力量，释放市场活力和社会创造力，以引导和促进食品工业稳定健康发展。

该项目已获本年度工业和信息化部消费品工业司委托执行。

二、做法经验

（一）实行 1＋N＋X 组织制度，确保项目有序推进

项目整体工作由工信部消费品工业司负责组织；具体工作由中国食品科学技术学会牵头组织；各单位分工负责完成专项研究；实行例会制，通过会上集体讨论，确定编写框架、统稿、定稿等重大事项。

工信部作为食品工业行业管理部门，依靠其行政资源，可有效调动各方力量，发挥工业规划指导、产业政策调节和行业标准规范的作用。由该司作为组

织单位，中国食品科学技术学会等 5 家全国性行业管理和科技单位，16 家全国性行业协会以及食品领域的优秀专家学者组成编委会。各单位在各自领域内均为最具权威机构，不仅平台高、视野宽，而且拥有丰富的一手资源积累，为整个项目的顺利实施提供重要保障，同时保证研究报告的内容系统全面、可靠权威。

（二）运用统分结合方法，保证工作高效运行

中国食品科学技术学会作为秘书处单位，负责前期筹备工作，提出项目实施方案。由工信部消费品工业司组织、中国食品科学技术学会等 5 家全国性行业管理和科技单位作为统稿单位，连同业界权威专家，共同撰写综合篇的内容；16 家行业协会分别负责编纂各自行业情况；所有报告于规定时间上交中国食品科学技术学会，由工信部消费品工业司组织、学会牵头召开相关统稿会，在会上对所有内容进行讨论，集思广益，提出修改意见，会后再分工修改。以"统一分一统"的方式经过多轮梳理与精细化加工，最终形成定稿。

（三）借助资源共享、优势互补，提升报告整体质量

此次参与项目编写工作的 21 家单位，涵盖科技管理、研究机构，全国性行业协会，各自优势明显，资源丰富，能够为国家宏观战略的顶层设计提供决策。各撰稿人多为单位负责人，不仅专业素质过硬，对整个食品工业也很熟悉，可通过不同角度，为其他领域的研究内容提出参考建议。

三、工作成效

（1）通过《食品工业发展报告》的编写，系统总结、客观评价食品工业年度发展状况，展示发展成果，正视存在差距，通过信息公开，引导和促进食品工业稳定健康发展。该报告编写工作已连续 5 年由工信部消费品工业司组织开展，形成品牌效应，受到相关政府部门、行业、科研单位等各方的关注与好评。

（2）形成中国食品工业与科技战略研究的年度分析工作体系，制定和完善一系列运行制度和公开制度，探索科学高效的运行机制和服务机制，建立严格的约束机制，为持续开展研究奠定基础。

（3）建立相对稳定的行业专家研究团队，形成相对稳定的分支研究方向，巩固研究队伍。

（4）培养、提高学会工作人员的工作水平，推进学会承接政府职能转移能力的有效提升。

基于"互联网＋"的慢性病后医疗护理模式的构建与应用

中华护理学会

一、背景意义

（一）背景

1. 慢性病是重大公共卫生问题，出院后的管理是慢性病管理的重点

随着社会经济的发展、居民生活方式的转变以及城镇化、人口老龄化进程的加快及诊断技术和治疗水平的提高，慢性病患病率和带病生存率逐年上升。在慢性病患者群体中，需要有专业医护人员提供复杂的临床管理或住院进行治疗的患者仅占 5%，大多数慢性病患者的医疗需求存在于家庭、护理院或社区等出院后的场所。出院后连续、有效的治疗及管理，是提高患者治疗依从性及生存质量、满足健康需求的重要保证。

2. 后医疗服务发展是形势所需，是政策导向

后医疗服务是新形势下适应医疗服务环境变化的一种医疗服务模式，指患者离开医院以后到下次进入医院之前整个过程中的管理，它是对医院服务的继续与拓展。内容主要包括：随访、预约咨询、诊疗特色宣传、科研跟踪、医疗监管。目前，国家出台多项政策支持后医疗服务的开展，如《2012 年推广优质护理服务工作方案》中提出，要将护理服务领域延伸至社区、家庭，有条件的医院与社区卫生服务机构建立合作关系，满足患者需求，提高医疗资源利用率。《中国防治慢性病中长期规划（2017—2025 年）》指出，国家应统筹社会资源，创新驱动健康服务业发展，鼓励、引导、支持社会力量开展慢性病防治服务，促进慢性病全程防治管理服务与居家、社区、机构养老紧密结合，推动互联网创新成果应用，探索慢性病健康管理服务新模式。

3. 后医疗服务发展的国内外现状

国外关于后医疗服务的实践较早，研究显示由专科护士为主导、多学科团队协作的网络平台随访，能够显著降低患者的再入院率和医疗费用，同时提升患者的生活质量和服务满意度。我国对后医疗服务的研究尚处于探索阶段，主要有 3 种体现形式：①医院—家庭模式。医院医务人员定期通过电话、短信进行随访。②医院—社区—家庭模式。社区对患者进行家庭访视、健康教育及日常治疗管理，若患者病情危重，由社区转至上级医院，经上级医院治疗病情稳定后，再将患者转回所辖社区。③护理院—康复中心模式。

以上模式在运行过程中存在以下问题：①病源分配不合理。由于患者对社区卫生服务中心、护理院、康复中心的认知不足，更愿意去医院而不愿意到此类机构就诊，造成后医疗机构病源不足，发展前期经营状况堪忧。②缺乏完善的标准化体系。收治对象及服务内容不清晰，机构内部功能定位、职责界定不清晰，缺乏入院、转院及出院标准，机构运行不规范、床位周转慢、利用率低，影响卫生服务资源的利用。③后医疗服务内容及质量参差不齐。专业人才匮乏，整体素质较低，专业水平、业务能力、服务质量还不能有效满足服务对象的要求。④缺乏多学科团队协作。慢性病患者可能合并多系统疾病，需要对其进行全面、精细化管理，而目前实施的后医疗服务管理以护士为主导，缺乏多学科医护团队的协作。⑤医院与社区卫生服务中心、护理院、康复中心之间管理脱节。各机构之间缺少相互合作，各自独立运营，后医疗管理平台与医院网络系统之间、各后医疗机构之间信息管理平台连接不足，医疗信息不能有效共享，使得慢性病患者无法根据自身的健康状况在各机构间进行纵向流动，造成医疗资源的浪费。如何促进综合医院与后医疗服务机构如护理院、康复中心等之间信息沟通、资源共享，确保慢性病患者能得到合理、经济、科学的慢性病管理与诊治，是目前亟待解决的问题。

4. "互联网＋"在慢性病管理中的应用现状与优势

"互联网＋医疗"是以互联网为载体、网络信息技术为手段（包括通信移动技术、云计算、物联网和大数据），与传统的医疗服务进行融合，而形成的一种新型医疗服务模式。将互联网技术应用于慢性病管理，可以充分发挥其技术优势，打破时间及空间的限制，为慢性病患者提供方便、快捷的服务，促进患者疾病的自我管理。

国外以美国、加拿大、英国等发达国家为代表的慢性病管理模式，均采用医疗信息系统与相应医疗器械结合的手段，依托计算机技术、遥感、遥测、遥控技术，实现慢性病患者的咨询、随访，为患者提供定向、个性化的慢性病管理服务，做到慢性疾病的预防和治疗一体化，有效地实现了医疗信息的及时传递与获取，保证了慢性病患者信息的连续性。

国内目前也在倡导并探索利用互联网将卫生信息共享平台作为横向联系的枢纽，通过居民电子健康档案、电子病历两大基础数据库和居民健康卡等媒介，加速健康信息资源的储备和共享，形成"医院诊疗—社区管理—疾控监测"三位一体的协同工作模式，建立以大型医院为核心，辐射周边社区卫生服务中心的慢性病监测网络。以上均处于探索和起步阶段，如何利用"互联网＋"促进医院、后医疗机构、家庭及患者的沟通，促进慢性疾病的后医疗服务管理，是本研究拟解决的主要问题。

（二）意义

"互联网＋"慢性病管理模式的开展，旨在缓解我国医疗卫生资源分布不均，为患者提供实时、便捷的惠民服务，减轻患者的经济负担，提高治疗依从性及生存质量，有效改善患者就医条件，缓解医患矛盾，提高医疗质量、降低医疗成本。

1. 学科发展层面

推动慢性病患者后医疗护理服务的研究，为后医疗护理服务指南的制定提供参考依据。

2. 患者层面

引导患者有序就医，为慢性病出院患者提供便捷、经济、持续、个体化的后医疗护理服务，提高患者的卫生资源利用度，改善患者的健康状况。

3. 医疗机构层面

一方面促进优质医疗资源下沉，提高基层卫生机构的服务能力与服务水平，另一方面缓解大型综合医院超负荷运转所致的医疗压力，提高其社会效益和经济效益。

4. 国家层面

推进双向转诊和分级诊疗政策实施的同时，促进医疗资源合理配置，有效控制中国公共卫生总支出，提高卫生资源的整体利用率，节约国家医疗资源。

二、做法经验

（一）移动医疗平台在糖尿病患者中的应用

中华护理学会和湘雅二医院联合研究团队已经与信息软件专业人员合作开

发了移动医疗平台用于糖尿病患者的后医疗服务。该平台能够连接患者的可穿戴设备及医院的 HIS/NIS 系统，医务人员通过平台可以直观地了解到患者的健康状况，根据具体情况可以有针对性地向患者及其家属推送个性化的疾病相关知识，并对其进行健康教育。患者也可以通过平台咨询医务人员有关疾病的相关问题，这些咨询内容首先会由平台智能回答，如果平台没办法解决，这些问题将会呈现给相关学科的医务人员。

（二）移动医疗决策平台在心血管疾病患者中的应用

中南大学精神心理研究中心依托平台心血管疾病研究中心为湖南省重点实验室，已经开发心血管疾病移动医疗决策平台，最初主要服务受众为高血压患者，后来逐步推广至冠心病、高血脂等患者中应用，该平台能将患者、患者家属及签约医生有机联动。患者使用智能血压计监测血压和心率，签约医生及患者家属可以同步掌握患者的状况，给予个性化的药物和非药物干预指导。患者也可以通过平台咨询疾病相关问题，这些咨询内容首先会由平台智能回答，如果平台没办法解决，这些问题将会呈现给签约医生。该平台的建立实现了心血管疾病患者、家属及签约医生三方的信息共享和即时互动，真正实现了后医疗服务效果观察与治疗方案的及时调整，对空巢老人、独居者及疾病自我管理不佳的慢性病患者获益更明显。

（三）老年综合评估手机 App 在老年患者中的应用

中南大学湘雅二医院老年病科注重老年医学的发展，在助力国家医养结合战略、老年综合评估、慢病管理、临终关怀、老年专科护士培训等方面取得丰硕成果。其老年医学科，是国内最早开展老年综合评估的医院之一，创建了符合中国国情、简单实用的老年综合评估指标体系，在全国范围内获得广泛认可，且与北京有心科技有限公司合作开发了老年综合评估手机 App，于 2018 年 8 月已经正式启用。

三、工作成效

2017—2018 年中南大学已建立危重患者护理质量和护理安全大数据平台，该平台实现了标准化的护理措施、全程化的护理评估和记录、实时化的并发症上报、科学化的并发症原因分析。为患者后期医疗服务奠定了良好的基础。

　　移动医疗平台在糖尿病患者中的应用效果表明，该平台实现了患者与医务人员之间的有效沟通，帮助患者科学有效地管理自身健康，提高了患者的生活质量。

　　移动医疗决策平台在全国建立了一支由近 500 名的高血压相关慢性病管理专家组成的联合专家工作组，2018 年已有患者（会员）300 余名，已成功举办两届高血压相关慢性病管理人工智能平台管理的全国性学术交流。

医工结合创新模式开发髂动脉
覆膜支架系统

中国研究型医院学会

一、背景意义

髂动脉瘤（iliac artery aneurysms，IAAs）70％累及髂总动脉（common iliac artery，CIA），30％累及髂内动脉（internal iliac artery，IIA），当累及髂内动脉时通常累及双侧髂腿。大型尸检研究表明 IAAs 发病率为 0.03％，IAAs 很少单独存在，通常伴随着腹主动脉瘤（abdominal aortic aneurysm，AAA），大量数据显示 20％AAA 伴随着 IAAs。

在早期的髂动脉瘤腔内修复术中，为防止内漏往往需要栓塞一侧甚至双侧的髂内动脉，而髂内动脉承担着盆腔多个脏器和组织的血供，髂内动脉的栓塞将增加臀肌跛行、结肠缺血、性功能障碍等多项并发症发生的风险。一项汇总了 11 个临床试验，涉及 301 人的荟萃分析表明，进行单侧髂内动脉栓塞后，臀肌跛行和性功能障碍的发生率分别为 29％和 18％；而另一项汇总了 8 个临床试验，涉及 90 人的荟萃分析表明，进行双侧髂内动脉栓塞后，臀肌跛行和性功能障碍的发生率分别是 32％和 18％。两项荟萃分析比较没有统计学差异，所以保留和重建双侧 IIA 才是最合理的，这样更能保证患者的生活质量。

应用 IBD（iliac branched device）重建髂内动脉：2002 年，国际上即开展了这项技术的应用研究。IBD 的研制使得通过单纯的 EVAR 技术来保留髂内动脉成为现实。

现有 IBD 支架，手术操作复杂，手术操作时间长。只有短主体的支架设计，当髂动脉瘤伴随着腹主动脉瘤时，需要植入许多支架，增加了较多的支架连接点，这就增加了内漏等并发症的发生概率。短主体分叉支架，植入分支时，一般采用对侧翻山在短分支内再接入一个直管支架，重建髂内动脉，由于髂分叉位置血管比较扭曲，操作往往很难成功完成，如果从上面肱动脉入路的话，入路路径需要通过中间较多的支架连接点，易导致支架脱落。现有 IBD 支架采用一个独立的波圈跨过支架主体和侧分支的连接部分并环绕成一圈。但是，因为主体与侧分支交界线形状的不规则，该独立的波圈定型难度大；且在侧分支的轴向起始部位因无波圈充分附着，使得侧分支在此部位无法获得足够的径向支撑力，导致此处覆膜不能被充分支撑而易短缩，导丝通过主体进入侧分支困难等问题的出现。此外，现有大部分的 IBD 支架都没有配套的髂内覆膜支架，手术过程中医生根据需要选择不同类型的外周覆膜支架，这就增加了两个支架内漏和脱落的风险。

二、做法经验

（一）创新验证

血管医学专委会主任委员郭伟教授，在实际临床工作中发现中国地区 IAAs 很少单独存在，通常伴随着腹主动脉瘤（abdominal aortic aneurysm，AAA），提出了支架两套设计，即包括髂动脉分叉支架和髂内覆膜支架，同时分叉支架包括长主体和短主体的设计概念。前期先健科技（深圳）有限公司提供定制覆膜支架系统，解放军总医院血管外科利用这些定制支架成功对髂动脉瘤患者进行了腔内治疗，重建了髂内动脉，术后随访髂内动脉通畅。在第八届南方血管大会（SEC 2014）上，直播完成一例 IBD 手术，手术操作简单，支架定位精确，覆膜支架未提前释放，用导丝从髂动脉分叉支架短分支开口进入髂内动脉比较容易，选用 IBD 长主体设计直接接到腹主动脉分叉支架的分支上，省掉中间再接一个 cuff 支架的操作，手术中覆膜支架定位准确，无内漏，术中造影无内漏及支架移位发生，成功重建双侧髂内动脉。在 2016 年中国血管论坛（CEC）上，直播完成一例 IBD 手术，成功保留了左侧髂内动脉，手术过程顺利，术后造影髂内动脉通畅。

（二）产品开发

国内有关企业依托临床实践，对支架和输送器结构进行进一步合理设计和改进。对分叉支架分支部位设计为独立波圈，即分叉支架的主体和短分支部位采用两个独立波圈设计，即主体和分支的连接处并非一个波圈连起来，而是完全分开的两个波圈。金属波圈易定型，同时短分支独立波圈提供稳定的支撑使短分支可以得到较好的支撑，且提供足够的径向支撑力，有利于导丝从主体进入短分支，重建髂内动脉更容易。此外，在适应不同位置的分支动脉时，短分支朝不同方向进行摆动时，由于不受主体的影响，更易摆动而不发生打折。输送器设计挡块，固定覆膜支架前端，使覆膜实现覆膜支架后释放，不出现堆积。当锚定件行进至迂曲的血管部位时，虽然鞘芯远端产生弯曲使锚定件与鞘芯之间的沿鞘芯径向的距离增大，但由于挡块的存在，其与内鞘芯管间的距离较小，能够限制管腔支架的移动，避免管腔支架提前释放。

在产品设计和改良过程中，采用长期、高效的"医—研—工"交流沟通模式，多方沟通、验证和确认，产品的改良是否解决了临床的问题，可实实在在地通过临床实践。在产品设计定型过程中，以前期验证创新为基础，收集支架系统的相关文献和专利，确保产品设计走在国际前列，同时，协助医院（医学专委会）明确设计需求，定期反馈新产品开发进展情况，组织召开定期会议，公司内部对整个研发阶段进行全程监督和管理，提高产品开发效率和质量。

（三）专利申请

前期产品转化方案落地后，对该产品进行了知识产权保护，并获得国家发明专利（专利号：ZL201410302282.0）。

（四）体外实验

对髂动脉覆膜支架系统进行了体外实验，支架理化性质及生物学特性符合国际、中国相关行业要求标准，并取得型式检验报告。

（五）动物实验

髂动脉分叉支架已成功完成 4 只犬动物实验。支架显示出良好的生物组织相容性。髂内覆膜支架已完成 4 头健康猪动物实验，支架显示出良好的生物组织相容性。试验证明髂动脉分叉支架和髂内覆膜支架是可行并相对安全的。

（六）临床研究

在此阶段，学会充分发挥了主观能动性，协调多个临床中心参与到临床试验中，如中国人民解放军总医院、复旦大学附属中山医院、首都医科大学附属北京安贞医院、北京协和医院、浙江大学医学院附属第一医院、江苏省人民医院、天津总医院等临床中心试验点，2014 年启动多中心、前瞻性临床试验研究者会，现已完成全部支架植入，随访病例中未发现内漏、移位、狭窄、髂内闭塞等情况。

三、工作成效

髂动脉覆膜支架系统 2017 年提交国家食品药品监督管理总局创新，并获得创新审批，大大提高了学会在血管外科领域的影响力。

制定鹤壁市全国首部
"多规合一"空间规划

中国国土经济学会

一、背景意义

2010 年以来,中国国土经济学会把"优化国土空间发展"作为重要学术研究内容分别在江西省新余市、北京市召开两次高规格的学术会议并把会议成果提交给中国科协、原国土资源部等有关部委。

2012 年把"优化国土空间开发格局"写进了党的十八大报告。为了贯彻落实党的十八大报告指示精神,推动学会科研成果向生产力转化,2014 年,中国国土经济学会考察团一行 34 人到鹤壁市考察调研,在经过充分论证的基础上,确定鹤壁市为中国国土经济学会全国首家国土空间优化发展实验区共建单位。

2015 年,随着中国国土经济学会成为中国科协创新驱动全国 3 个试点学会之一,鹤壁市也成为中国科协全国 13 个创新助力示范城市之一。中国国土经济学会和鹤壁市非常重视创新驱动助力工作,创新驱动是党中央、国务院向全国人民发出的伟大号召,事关祖国强盛、民族振兴,因此必须要科学、规范、持续、高效地行动起来、开展下去。提出,首先要编制国土空间规划,融入创新理念,用规划引领、助力鹤壁市经济社会的创新发展,并委托学会全面参与规划研究编制工作。

中国国土经济学会受河南省鹤壁市的邀请,借助于中国科协创新驱动助力工程的契机,在鹤壁市开展了为期 5 年的全国首家国土空间优化发展实验区共建工程。

二、做法经验

(一)上下联动,共谋规划编制思路

为了保证规划编制的高品位、高质量,鹤壁市委、市政府,鹤壁市发展改

革委员会、国土资源局、科技局、优化办等与中国国土经济学会、国家发展改革委员会国土开发与地区经济研究所及中国国土经济学会工作在国家发展改革委员会、原国土资源部、北京大学、中国人民大学等单位的专家学者就规划科学定位和编制思路进行座谈交流，希望学会专家站在国家发展的大层面、大格局上对规划编制进行指导；中国国土经济学会专家委员会常务副主任、国务院参事、科技部原副部长刘燕华等秉持认真负责的态度三下鹤壁市，走城市、串农村，进行实地调研、现场指导，经过双方上下联动、互动交流、智慧碰撞，最终确定了规划大纲的编制思路。

（二）内外结合，敲定规划初级文本

推动国土空间开发格局的优化、高效，最重要的是做好规划设计，而空间规划是新生事物，尤其是多规合一的空间规划，国内并无参考案例，鹤壁市是首创，因此难度很大。鉴于鹤壁的相关人员更为熟悉本地的资源环境与发展保护需求，在规划初稿起草阶段采取内外结合的方式，以鹤壁自己组织力量完成规划初稿为主，学会专家给予指导为辅。据此，鹤壁市成立了由规划局、国土资源局等相关部门专业人员组成的《鹤壁国土空间优化发展规划（纲要）》编写组，具体负责规划纲要初稿起草工作。中国国土经济学会成立规划专家委员会和推进组来协助规划的修改和进展工作。

（三）权威论证，提升规划品位和质量

《鹤壁优化国土空间开发格局规划（纲要）》作为一个区域性发展规划，它的创新性、持续性、有效性、权威性应当放在国家发展、国家政策、民族振兴的大盘子里称一称、量一量，看看它有几斤几两，否则，很难说它是一个科学的规划。为此，学会充分调度自己的资源，就《鹤壁优化国土空间开发格局规划（纲要）》召开咨询论证会。中国国土经济学会时任第一副理事长、专家委员会主任、全国政协人口资源环境委员会副主任江泽慧主持会议，国家有关部委、科研院所等16个国家部委、科研教学单位工作的常务理事、专家委员以及河南省国土资源厅负责人近30人参加论证。

（四）市人大通过，形成法规付诸实施

国土空间规划是政府统筹安排区域空间开发、优化配置国土资源、调控经济社会发展的重要手段。实现规划目标的重点是解决各级领导干部随意干预和修改规划的问题。为了保证规划纲要持续有效地得到实施，鹤壁人大常委会正式审议通过《鹤壁国土空间规划纲要》并付诸实施。至此，学会主导的全国第

一个多规合一空间优化规划（纲要）高质量、高效率地隆重推出。

三、工作成效

（1）被中国科协创新驱动助力工程列入典型案例（智库咨询规划）。

（2）鹤壁人大常委会正式审议通过并付诸实施。

（3）空间规划纲要的编制为鹤壁市节约集约土地和产业优化布局提供了依据和发挥了作用。

（4）鹤壁市成功案例的实施，推动了中国国土经济学会与福建省将乐县、山西省云州区等 5 个县、市空间规划纲要的编制进展工作，扩大了学会的业务。

（5）目前，鹤壁空间规划已经被列入自然资源部在河南省唯一试点，鹤壁也被列入原国土资源部开展的自然生态空间用途管制试点，推动了鹤壁市的生态文明建设。

中国古镇联盟信息化建设与
大数据运维工程

中国城市规划学会

一、背景意义

2015 年年底，中央城市工作会议时隔 37 年在北京再度召开，会议提出"保护弘扬中华传统文化，延续城市历史文脉，保护好前人留下的文化遗产"的要求。这为历史文化保护工作提出新的要求，也为历史文化名镇保护工作带来新的机遇。历史文化名镇是中国文明发展史中的重要环节，是连接历史、现在、未来的文化载体，是创新经济发展的重要舞台，保护历史文化名镇是新型城镇化发展的重要任务。当前，中国历史文化名镇保护工作取得了一定成就，但也面临着严峻的挑战，出现了部分地方政府依法依规管理意识不强，规划实施监督力度不够，社会和原住民参与治理程度不高，适用技术引入不足等问题，现代化社会治理水平和能力亟须提高。

面对宏观发展形势，为了响应中央精神，中国城市规划学会联合 63 家古镇、14 家省级规划建设主管部门、国家开发银行等金融机构联合成立了"中国古镇联盟"，为推动古镇创新发展搭建全国性、专业化、多学科、跨部门的政、产、学、研平台，通过"学会搭台，古镇唱戏，地方主导，协同创新"的创新模式，大力整合科研院所、高等院校、各类智库、金融机构及企业的资源，强化系统组织与集成，对古镇发展路径从发展战略确定到规划建设实施提供全方位服务。

联盟成立以来，开展了"成立中国古镇联盟""中国古镇峰会""青岩古镇专题研讨会""赤坎古镇专家调研与政策咨询""联合签署《中国古镇·青岩共识》""组建古镇联盟专家团队"等诸多卓有成效的工作，中国城市规划学会充分发挥跨行业、跨部门、跨区域、跨国界、跨学科的"五跨"优势，通过搭建平台、牵线搭桥、打开通道、疏通管道等方式，积极开展学术交流、推进多地域合作、传播科技知识、培育创新文化、弘扬创新风尚，在助力地方创新驱动发展方面发挥了积极的作用。古镇联盟的工作得到了各级政府和联盟成员古镇的高度认可，为后续各项工作开展提供了坚实的基础。

如今，联盟已经由成员大会正式通过了《中国古镇联盟章程》，并就联盟未来发展共同签署了《中国古镇·青岩共识》，形成了一批以古镇保护与发展为主要研究内容的专家团队，并成立了以服务古镇联盟发展为核心的"中国古镇联盟秘书处"。已有的工作较为丰富，基础较为牢固，将在下一步工作中通过以政府购买服务、自主供给的方式提供社会化公共服务产品，进一步拓展学会公共服务领域，探索公共服务工作模式，丰富公共服务产品供给，最终实现推动联盟所有成员整体的社会治理现代化。

二、做法经验

本项目通过以政府购买服务、自主供给的方式提供社会化公共服务产品，进一步拓展学会公共服务领域，探索公共服务工作模式，丰富公共服务产品供给，最终实现推动学会治理能力现代化，并帮助联盟所有古镇成员提升社会治理现代化水平。本次项目的主要工作是搭建"中国古镇联盟网站"，这是中国古镇联盟的工作交流平台，也是联盟重要的宣传推广平台。网站建设一方面是为了让联盟古镇更好地把握发展机遇，另一方面及时总结古镇创新发展的经验和成效，将为全国各个古镇发展转型提供带有全局意义的、方向性和框架性的经验。具体的经验和模式如下。

（一）服务为本，需求导向：围绕古镇发展"望闻问切"

服务要做到真正的贴心，首先就必须做到知心，就要了解对方的需求和难处，找到对方的"穴位"。为此，学会开展"中国古镇联盟发展问卷调查"，了解古镇需求，为制定有针对性的信息化服务奠定基础。

中国城市规划学会开展社会化服务工作首先改变了过去的传统思维，把方向转过来，从自上而下的实施转为自下而上的求索，实现工作方式的"掉头"。首先由地方政府提出需求，以调动地方的积极性，实现真正意义上的需求导向和问题导向。学会在 2017 年通过座谈、实地考察、问卷调研等方式，系统了解了联盟古镇的需求，各个古镇的历史、文化、资源、区位、规划及执行等情况，为整体把握发展难题和挑战提供了思路。明确提出要搭建网上产、学、研多元平台，联合多方力量为古镇发展寻找创新发展之路。

（二）精准定位，力主创新：搭建"中国古镇联盟网"

中国古镇联盟网站是中国古镇联盟的工作交流平台，也是联盟重要的宣传推广平台。网站建设一方面是为了让联盟古镇更好把握发展机遇，另一方面及时总结古镇创新发展的经验和成效，将为全国各个古镇发展转型提供带有全局意义的、方向性和框架性的经验。中国古镇联盟网站区别于一般商业门户网站的是，更加强调学术性和专业性，以丰富的内容支撑网站主体建设。网站首要目的是为联盟成员古镇、其他古镇和相关访客提供服务，以提升古镇联盟整体的创新发展动力为目标。因此，网站以联盟内部工作机制为内核，紧密对接古镇的决策咨询、项目咨询、政策咨询、金融咨询、人才培训、宣传推广、规划设计等需求，为联盟创新发展提供业务支撑的一个平台。为了更好发挥学会的优势，团队在设计网站之初对全国相关类型网站进行了对比分析。

在此基础上，提出了本次工作的定位和要求：在网站设计、内容安排、功能布局等方面，强调"开放、包容、弹性、专业、人性"理念，为古镇联盟打造一个集信息发布、互动交流、个性化服务于一体的综合线上平台。通过积极探索共建线上古镇联盟的有效途径，改变古镇各自为政的发展现状，使各古镇变散点经营为协同发展，变各自为政为携手共进，促进"中国古镇联盟网站"品牌竞争力的整体提升。

（三）立足长远，持续服务：提供后续维护服务

社会化服务能形成效果不是一蹴而就的，需要立足长远，持续服务。中国城市规划学会在为联盟提供服务的过程中，不但承担了网站建设的一次性任务，而且承担了网站前台及后台系统功能的全部技术维护和数据更新任务。

网站技术维护服务内容主要包括：提供在线服务及电话服务，随时随地解决联盟网站所遇到的问题，及时排除网站故障。当网站出现运行故障，及时通过在线或派技术人员进行处理，48小时内修复。网站数据更新服务的内容包括：为网站数据做定期的备份以及网站正常运维；此外，组织具有丰富项目调研、分析经验的顾问咨询专家，负责详细了解该项目现状、需求、适应未来发展的系统扩展要求，结合产品为用户提供建议、规划和解决方案，提供必要的技术支持。

三、工作成效

中国城市规划学会探索和打造社会化公共服务品牌，通过将智力资源与地方一线需求对接，不断增强学会服务党和政府科学决策的能力；通过组织全国各个古镇的管理者、不同行业的企业家、不同学科的学者，共同为古镇发展建言献策，不断扩大联盟社会影响力；通过报道和宣传古镇原住民、古镇匠人等事迹，提升群众组织力；形成学会围绕政府中心工作，提供科技公共服务的常态化、规范化和制度化格局，成为服务国家和社会治理的重要力量。

（一）进一步规范学会参与提供社会化服务的行为

此项目完全通过政府购买服务的方式，经过地方政府公开招投标程序，为地方政府提供技术服务。

（二）创新学会服务模式，拓展学会服务领域

中国城市规划学会充分发挥跨行业、跨部门、跨区域、跨国界、跨学科的"五跨"优势，通过搭建平台、牵线搭桥，打开通道、疏通管道，以互联网方式开展"中国古镇联盟发展问卷调查"，了解古镇需求，为古镇联盟提供针对性的服务，有效拓展学会公共服务领域。

（三）创新体制机制和工作模式

在网站建设过程中，学会利用人才荟萃、联系广泛的优势，有效增强了政、产、学、研之间的互动与反馈，降低了地方政府和各领域专业人士在各类决策中的创新成本，与地方政府一道，建构起了从某一学科创新点到行业创新发展链、由行业创新发展链到全国古镇创新发展面的崭新逻辑，真实有效地发挥了全国学会在提升地方创新驱动发展能力方面应有的作用。

"五位一体"全程质量支撑体系
助力高质量发展

中国检验检疫学会

一、背景意义

为贯彻落实中共中央、国务院开展质量提升行动的有关工作，中国检验检疫学会积极承接政府职能转移，在公共服务领域拓展方面，中国检验检疫学会创造性地提出了以质量信用企业为主体，以质量产品标准为基准，以检验检测为依托，以质量溯源为手段，以质量保险为保障的"五位一体"全程质量支撑体系（以下简称 QBBSS）。中国检验检疫学会联合浪潮集团，综合运用云计算、大数据、人工智能和区块链等技术手段，以 QBBSS 为基础支撑，致力于构建政府、企业、检测机构、消费者等多方参与的质量提升生态，对企业品牌培育、保护和支撑，对推动质量提升发挥积极作用。

二、做法经验

在完成"五位一体"全程质量支撑体系团体标准的基础上，通过不断探索并自筹资金形成了"五位一体" QBBSS 的推广模式即"一链、一站、一中心"服务体系。

一链是 QBBSS 质量链，将"五位一体"全程质量支撑体系与浪潮集团创新性地利用区块链技术相结合，让企业利用简单易得的方式实现产品质量数据写链，同时将产品质量信息以不可篡改的方式公示给社会公众，从而树立企业品牌形象，方便政府市场监管；消费者可以用爱城市网 App 扫一扫查看产品质量信息，让自己买得明明白白，同时也可以提供质量提升建议，吸引每个消费者积极主动参与质量提升和品牌建设活动，并为企业对产品的设计提升、精准营销提供帮助，从而构建一个企业、政府、消费者、相关服务机构共治共享的质量生态，形成长效发展机制。

一站是 QBBSS 质量链工作站，在全国各省、市设定质量链工作站，以质量链为地方政府和企业的质量提升和品牌建设提供技术支持为目的，QBBSS 质量链工作站引导企业加盟质量链，支持政府推广质量链，不断提高社会公众对质量链的认知度。

一中心是 QBBSS 质量链研究中心，联合当地知名高校等相关合作方成立质量提升研究中心，聘请质量提升研究等领域的高校教授、专家和业界人士担任研究中心主任，为质量提升提供专业咨询，并从质量管理理论与方法、地方政府和企业品牌建设与质量提升等方面开展研究。

三、工作成效

（一）成功举办首届质量链发展大会

2018 年 9 月 26 日，由国家市场监督管理总局、中国科协指导，中国检验检疫学会、中国检验检测创新联合体主办，浪潮集团承办的首届质量链发展大会在北京召开。国家市场监管总局分管领导和主管司局领导均到会，标志着质量链得到了国家主管部委的认可和大力支持。

400 余家企业代表到会，其中品牌企业代表近 300 家，认证和检测机构代表近百家，60 多个地方政府派人参会。中央电视台、北京电视台、新华社、中新社、《人民日报》等 40 余家中央媒体和国内主流媒体到场采访，CCTV-2《中央财经报道》播报了大会召开新闻，取得了良好的社会效益。

大会的成功召开，标志着质量共治生态体系建设是切实可行的。近 400 家企业共议质量，质量生态体系作用初显，已初步形成了政府监管部门、生产企业、消费者等多方参与的质量共治生态体系，在质量提升、品牌保护、扶贫等方面作用凸显。

（二）QBBSS 质量链的推广已取得良好的社会效益

QBBSS 质量链已在山东、广东、四川等 17 个省、直辖市、自治区开展落地工作，在山东、广东、济南、东营、莱芜、聊城、菏泽、威海、临沂、日照、贺州、乌兰察布等省（市）先后召开质量链启动大会或企业座谈会，带动东阿阿胶、青岛啤酒、格力电器、美的电器等全国知名企业上链。特别是山东将质量链写入省委、省政府联合印发的《关于开展质量提升行动的实施方案》

中，极大地推动了质量链在山东的落地工作。质量链推广同国家扶贫结合起来，推动当地特色产品品牌提升，实现老百姓增收，质量链助力高质量发展的作用不断凸显。

同时，质量链作为政府质量治理方式的有效补充，能够有效保护品牌、培育品牌，提升执法打假工作的效能，为支撑优势产业和重点企业发展提供有力保障，助力中国实现中国制造向中国质量转变。

（三）QBBSS 质量链的推广将带动一定的经济效益

本项目计划年拉动 100 家企业开展质量提升，上链基础技术支持服务免费，形成一定规模后为企业提供数据分析报告等增值服务，同时通过质量提升增加企业品牌价值，从而带动企业增收。

低剂量超薄螺旋 CT 早期肺癌筛查
提高人民健康质量

河南省医学会

一、背景意义

肺癌是世界上发病率及死亡率较高的恶性肿瘤之一，每年死亡人数达 140 万，占所有恶性肿瘤死亡人数的 18％。中国每年约 59.1 万人死于肺癌。近年来，大气污染、吸烟等因素，导致我国肺癌的发病率和死亡率逐年递增，预测到 2025 年肺癌的患病人数将达到 100 万。由于早期肺癌患者多无明显症状，临床上多数病人确诊时已为肺癌中晚期，虽然肺癌的治疗技术日新月异，其 5 年生存率逐步上升，但仍低于 30％，治疗效果较差，严峻形势不容乐观。但是，有报道称以肺内磨玻璃密度影为表现的早期肺癌，其术后 5 年生存率高达 100％，其生存率远远高于中晚期患者，治疗效果较好。因此肺癌的早期诊断尤其重要。全美国家肺癌筛查研究（NLST）已经表明低剂量 CT 相比胸部 X 线筛查可降低 20％肺癌的死亡率，可以发现肺内数毫米的微小病变，为患者提供了早期治疗的时机，美国多家权威组织陆续推出了筛查指南，推荐在高危人群中进行低剂量 CT 肺癌筛查。然而，中国在该领域尚无系统规范的筛查体系，河南省医学会胸外科学分会拟开展低剂量超薄螺旋 CT 微小肺癌的早期筛查和诊断研究，建立规范系统的筛查体系，用于高危人群的筛查，提高早期肺癌的筛查率及诊断率，最终降低肺癌的死亡率，改善患者的预后及生存率。

二、做法经验

（一）工作经验

2016 年 3 月，河南省医学会胸外科学分会首先在郑州人民医院展开试点，开展免费为肺癌高危人群进行胸部低剂量超薄螺旋 CT 筛查。截至 2018 年 8

月，共对 18 000 余例肺癌高危人群进行免费筛查，其中共发现肺结节阳性患者 6 000 余人，并每周为疑难肺结节患者组织多学科会诊。最终经手术确诊早期肺癌患者达 100 余例，为早期无症状肺癌患者提供了早期确诊的机会。同时，河南省医学会率领郑州人民医院，分别于 2017 年 11 月和 2018 年 9 月成功举办中原肺结节诊治论坛，向省内广大相关专业医护人员进行系统培训，提高其肺癌早诊、早治意识。

（二）工作模式

1. 组建团队

组建包括胸外科、影像科、肿瘤科、呼吸科及病理科等相关科室的专家团队，每周为免费筛查出的肺结节阳性患者中的疑难病例组织多学科会诊，进行面对面沟通交流，提供个体化的治疗方案。

2. 建立制度

建立高危人群的筛查、低剂量超薄螺旋 CT 筛查、专项会诊制度、确诊制度。对高危人群的范围进行界定，形成既定的低剂量超薄螺旋 CT 筛查模式，并对肺结节阳性患者进行专项会诊。

3. 健康教育

河南省内选择肺癌高发地区（如洛阳、郑州、焦作等）、高危人群和危险因素高的群体开展肺癌的健康教育、宣传早期筛查重要性，使高危人群接受防治肺癌及早期筛查的医学知识。

4. 跟踪随访

建立早期肺结节的信息登记和定期随访制度。将高危人群的个人基本信息、肺癌相关危险因素、家族史以及简单的健康体检情况录入肺结节随访管理系统，形成"健康档案"。暂无须手术治疗的肺结节患者依据多学科会诊意见记入健康档案并进行定期观察随访。通过健康档案，可对复查的肺结节患者的信息及影像学资料进行回顾，通过对比分析，动态观察肺结节有无变化。

5. 普及推广

在河南省其他医疗机构培训肺癌低剂量超薄螺旋 CT 筛查的技术和方法。

6. 人才培养

开展多种形式的研讨会、培训班、讲座，对河南省内相关专业的同事进行系统流程及技术培训。

7. 评价体系

建立早期肺癌低剂量超薄螺旋 CT 筛查前后的评价体系，如发现率、确诊率、治疗效果、5 年生存率等指标的评价；建立健康教育和提高健康素养、建立良好的生活方式对降低肺癌发生的影响的评价体系。

三、工作成效

截至 2018 年 8 月，河南省医学会胸外科学分会和郑州人民医院为肺癌高危人群免费筛查低剂量胸部 CT 达 18 000 余例，发现肺结节患者 6 000 余例，阳性率 30％；其中经手术确诊早期肺癌患者 100 余例，术前诊断与术后病理确诊符合率达 91％，为肺癌早诊早治工作做出了突出贡献。同时，河南省医学会和郑州人民医院成功举办的 2017 中原肺结节诊治论坛，并于 2018 年 9 月成功举办第二届 2018 中原肺结节诊治论坛，提高了省内广大相关专业医师对早期微小肺癌的认知。河南省医学会于郑州人民医院试点的肺癌早诊早治体系得到了省内广大同行的认可，纷纷表示愿意携手参与肺结节筛查，实现肺癌早发现、早诊断、早治疗，为降低肺癌死亡率，为中原人民的健康事业做出各自的奉献。

图书在版编目（CIP）数据

2018 年度中国科协学会承接政府转移职能工作案例汇编 / 中国科协学会学术部组编 . —北京：中国农业出版社，2019.11

ISBN 978 - 7 - 109 - 25673 - 6

Ⅰ．①2… Ⅱ．①中… Ⅲ．①中国科学技术协会-政府职能-职能管理-案例-中国 Ⅳ．①G322.25

中国版本图书馆 CIP 数据核字（2019）第 138492 号

中国农业出版社出版

地址：北京市朝阳区麦子店街 18 号楼

邮编：100125

责任编辑：魏兆猛　　文字编辑：刘金华

版式设计：杨　婧　　责任校对：周丽芳

印刷：北京印刷一厂

版次：2019 年 11 月第 1 版

印次：2019 年 11 月北京第 1 次印刷

发行：新华书店北京发行所

开本：787mm×1092mm　1/16

印张：10.25

字数：166 千字

定价：50.00 元
